高等院校程序设计新形态精品系列

C Programming Language

C语言
程序设计基础
实验和学习指导

|通识版|

苏小红 袁永峰 李东 ◎ 编著

人民邮电出版社

北京

图书在版编目（CIP）数据

C 语言程序设计基础实验和学习指导：通识版 / 苏小红，袁永峰，李东编著. -- 北京：人民邮电出版社，2025. -- （高等院校程序设计新形态精品系列）.
ISBN 978-7-115-65816-6

Ⅰ. TP312.8

中国国家版本馆 CIP 数据核字第 2024TA3938 号

内 容 提 要

本书是《C 语言程序设计基础（通识版 慕课版）》的配套教材。全书由三个单元组成，包括集成开发环境简介（第 1 单元）、习题解答（第 2 单元）、典型实验案例（第 3 单元）。其中，第 1 单元介绍了程序调试方法，Code::Blocks、Visual Studio、VS Code 三种流行的集成开发环境，如何在这些集成开发环境下编译、运行和调试 C 语言源代码，以及如何进行多文件编程；第 2 单元习题解答包括主教材中全部习题及解答；第 3 单元典型实验案例包括身高预测、判断三角形类型、猜拳游戏、计算水仙花数、质因数分解、奇数阶幻方矩阵生成、螺旋矩阵生成、孔融分梨、有理数比较大小、稀疏矩阵转置、文本文件中的词频统计、垃圾邮件判断、鲁智深吃馒头、文曲星猜数游戏、餐饮服务质量调查、菜单驱动的学生成绩管理、菜单驱动的链表管理、飞机大战游戏、迷宫游戏和贪吃蛇游戏共 20 个典型的实验案例，可作为课程设计内容。本书与主教材均为任课教师免费提供电子课件及例题源程序。

本书既可作为高校各专业 C 语言程序设计课程的教材，又可作为 ACM 程序设计大赛和全国计算机等级考试的参考书。

◆ 编　著　苏小红　袁永峰　李 东
　　责任编辑　刘 博
　　责任印制　陈 犇

◆ 人民邮电出版社出版发行　　北京市丰台区成寿寺路 11 号
　　邮编　100164　电子邮件　315@ptpress.com.cn
　　网址　https://www.ptpress.com.cn
　　三河市中晟雅豪印务有限公司印刷

◆ 开本：787×1092　1/16
　　印张：14.25　　　　　　　　2025 年 2 月第 1 版
　　字数：375 千字　　　　　　 2025 年 2 月河北第 1 次印刷

定价：49.80 元

读者服务热线：(010)81055256　印装质量热线：(010)81055316
反盗版热线：(010)81055315

前　言

习近平总书记在党的二十大报告中指出"育人的根本在于立德。全面贯彻党的教育方针，落实立德树人根本任务，培养德智体美劳全面发展的社会主义建设者和接班人"。教材是推进和落实立德树人根本任务的关键环节，是解决"培养什么人、怎样培养人、为谁培养人"这一根本问题的重要载体。在这一时代背景下，本书应运而生。全书从多视角深度挖掘课程中蕴含的文化基因、思想价值和精神内涵，优化内容供给，使教材成为具体生动的、学生易于和乐于接受的载体，以潜移默化的方式为教材渲染上"培根铸魂""启智增慧"的底色。编著者力图打造一本有温度、有内涵、有情怀的教材，使其成为青年成长、成才的助推器。

本书是《C 语言程序设计基础（通识版　慕课版）》的配套教材。全书包括集成开发环境简介、习题解答、典型实验案例三个单元。

第 1 单元为集成开发环境简介，包括程序调试方法和 Code::Blocks、Visual Studio、VS Code 三种流行的集成开发环境，介绍如何在这些集成开发环境下编译、运行和调试 C 语言源代码、如何进行多文件编程，以及如何在 VS Code 中使用通义灵码进行 AI 编程。

第 2 单元为习题解答，包括主教材中全部习题及解答，其中部分习题还给出了多种编程求解方法。

第 3 单元为典型实验案例，包括身高预测、判断三角形类型、计算水仙花数、质因数分解等综合应用实例，以及猜拳游戏、文曲星猜数游戏、飞机大战游戏、迷宫游戏等典型的趣味游戏实验案例。其中，飞机大战游戏和迷宫游戏还给出了多任务版本，以循序渐进的任务驱动方式，指导读者完成实验程序设计。这些案例兼具趣味性和实用性，可作为课程设计内容。在头歌平台上有对应本教材实验的实践课程，教师可以用作 SPOC，学生可以进行实验闯关训练。

主、辅教材均为任课教师免费提供电子课件，并同时提供例题、习题和实验题的源代码，读者可到人邮教育社区（www.ryjiaoyu.com）下载本书配套资源。本书可作为高校各专业 C 语言教辅教材、ACM 程序设计竞赛和全国计算机等级考试参考书。

此外，配合本书习题，我们还研制了 C 语言编程题考试自动评分系统、面向学生自主学习的作业在线评测系统，以及 C 语言试卷和题库管理系统，有需要者可直接与作者联系（sxh@hit.edu.cn）和咨询。

1

因编著者水平有限，书中不足之处在所难免，恳请批评指正，我们将在个人教材网站（网址可在人邮教育社区本书页面找到）上及时发布勘误信息，以求对读者负责。有索取本书相关资料者，请直接与作者联系。欢迎读者给我们发送电子邮件或在网站上留言，对本书提出宝贵意见。

编著者
于哈尔滨工业大学计算学部

目　录

第1单元
集成开发环境简介

集成开发环境（Integrated Development Environment，IDE）是用于提供程序开发环境的应用程序，是一个集成了代码编写、分析、编译、测试、调试等功能的软件开发工具集，一般包括代码编辑器、编译器、调试器和图形用户界面等工具。"工欲善其事，必先利其器"。显然，高效便捷、得心应手的集成开发环境将有助于提高编码和调试的效率，并改善编程体验。通常，安装集成开发环境时，除了安装编译器外，还要安装调试器，以支持程序的调试。

1.1 Code::Blocks 集成开发环境

Code::Blocks 是一个"轻量级"的开放源码的跨平台 C/C++集成开发环境，支持 GCC、Visual C++等 20 多种主流编译器，并支持语法高亮显示、代码自动缩进等实用功能。因其免费且使用简单，所以比较适合初学者。下面，以开源的 GCC 编译器和 GDB 调试器为例，介绍如何在 Code::Blocks 下编写 C 语言程序。

1.1.1 安装 Code::Blocks

首先，到 Code::Blocks 官方网站下载安装文件，请务必下载自带完整 MinGW 环境的安装程序，例如 codeblocks-17.12mingw-setup.exe，否则还需要额外安装才能使用编译执行功能。目前最新的版本是 codeblocks-20.03，但考虑到该版本的调试功能不如 codeblocks-17.12，因此本书仅介绍 codeblocks-17.12。

安装 Code::Blocks（简称 CB）时，按照向导提示安装即可，需要注意以下几点。

（1）一定选择默认的"完整 Full:All plugins"安装，避免安装后的软件中缺少必需的插件。

（2）不要按照默认的带空格的路径 C:\Program Files(x86)\CodeBlocks，而应选择不包含空格或汉字的路径安装，建议修改安装路径为 C 盘的根目录。这是因为 MinGW 里的一些命令行工具，对中文目录或带空格的目录的支持有问题，可能导致后续无法正常使用。

安装结束后，可双击桌面上的 Code::Blocks 启动图标启动 CB。

1.1.2 创建项目

第 1 步：启动 CB 之后，会进入图 1-1 所示的启动界面。

单击<Create a new project>，或者单击主菜单<File>/<New>/<Project>，弹出图 1-2 所示的新项目类型选择界面。

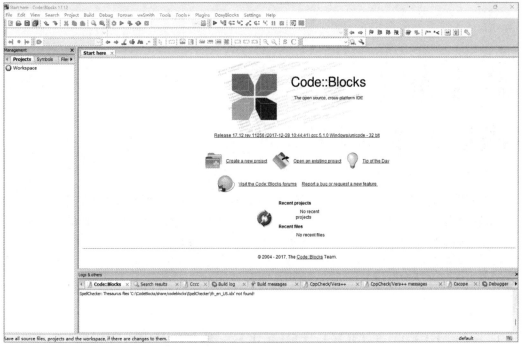

图 1-1　CB 的启动界面

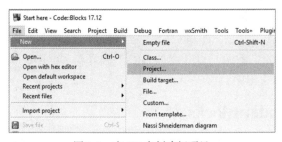

图 1-2　在 CB 中创建新项目

第 2 步：在图 1-3 所示的新项目类型选择界面中选择<Console application>，创建控制台应用程序。单击<Go>按钮，即可进入创建控制台应用程序的欢迎界面，如图 1-4 所示。在单击<Next>按钮之前，可以勾选<Skip this page next time>，这样下次创建新项目时可以跳过该界面。

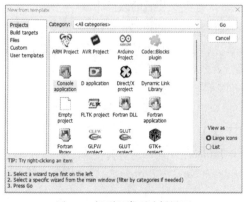

图 1-3　新项目类型选择界面

图 1-4　创建控制台应用程序的欢迎界面

按照向导的提示，单击<Next>按钮后，将出现图 1-5 所示的选择编程语言类型界面，选择<C>，创建 C 语言程序。继续按照向导的提示，单击<Next>按钮，将出现图 1-6 所示的输入项目名称界面。选择保存项目的目录，例如 D:\C_Programming，然后输入项目名称 test，表示项目 test 将创建在 D 盘的 C_Programming 目录中。这里，".cbp"是 Code::Blocks 项目文件名的默认后缀。

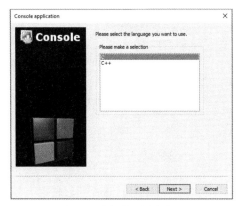

图 1-5　选择编程语言类型

图 1-6　输入项目名称以及创建的位置

继续按照向导的提示，单击<Next>按钮，将出现图 1-7 所示的选择编译器类型界面。选择编译器为<GNU GCC Compiler>，其他保持默认值。单击<Finish>按钮，结束向导。此时，在 CB 左侧的项目管理窗口中，可以看到新创建的项目 test，在项目 test 下的 Sources 中自动添加了源代码文件 main.c。双击 main.c 可以发现，CB 已经默认生成了一个最简单的向屏幕输出"Hello world!"的程序，如图 1-8 所示。

图 1-7　选择编译器类型

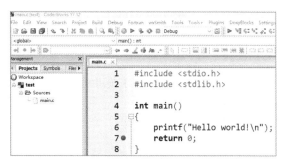

图 1-8　代码编辑界面

修改代码字体和字号大小的方法为：在主菜单项<Settings>中选择<Editor...>操作项，进入图 1-9 所示的<General settings>界面，单击右上角的<Choose>按钮，进入图 1-10 所示的<字体>界面，设置完字体和字号大小后，单击<确定>按钮即可。

若需要使用 C99 标准的部分特性，则如图 1-11 所示，单击主菜单项<Settings>，选择第三个操作项<Compiler...>。然后选择左侧的<Global compiler settings>，在右侧的<Compiler Flags>中勾选 C99 对应项即可。

若需要整理代码格式，使其符合自动缩进等要求，则可以在编辑窗口内单击鼠标右键，弹出图 1-12 所示的快捷菜单，选择<Format use AStyle>即可。

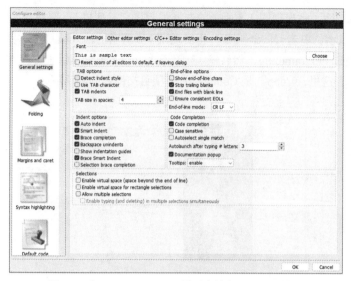

图 1-9　在<General settings>界面中单击<Choose>按钮

图 1-10　设置字体和字号大小

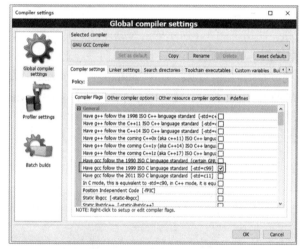

图 1-11　设置使用的 C 标准

图 1-12　整理代码格式

1.1.3　编译和运行

在 Code::Blocks 中编译并运行程序有如下几种方法。

（1）单击按钮栏的<编译>按钮 ⚙，然后单击<运行>按钮 ▶。

（2）直接单击<编译运行>按钮 👋。

（3）在主菜单项<Build>中选择操作项<Build and run>。

（4）使用快捷键 F9。

如果程序不能正常编译运行，则通过如下方法进行排查。

（1）检查是否安装了带 GCC 编译器和 GDB 调试器的 Code::Blocks 版本，即下载软件名中需包含"mingw"。

（2）若确认已安装了带编译器和调试器的版本，则需要检查编译器的配置是否有问题。若曾多次卸载 Code::Blocks 并将其安装到不同的目录下，则有可能发生配置不正确的问题。因为自动卸载可能卸载不干净，所以需要到 C 盘下找到这个文件路径："用户/你的用户名（这个名字因人而异）/AppData/Roaming"。注意，AppData 是一个隐藏文件夹，需要在文件夹选项中选中"显示隐藏的文件、文件夹和驱动器"。手动删除这个文件夹下的 CodeBlocks 文件夹后重新安装，然后再按如下步骤检查编译器设置是否正确。

第 1 步：打开 Code::Blocks，单击主菜单项<Settings>，选择第三个操作项<Compiler...>，弹出图 1-13 所示的界面。

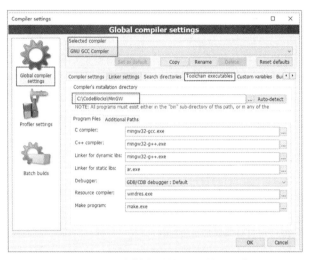

图 1-13　查看编译器的根目录是否正确

第 2 步：选择左侧的<Global compiler settings>，在右侧的<Selected compiler>中选择<GNU GCC Compiler>，并选择<Toolchain executables>选项，查看编译器的根目录是否是实际的安装目录。如果不是，则找到 Code::Blocks 安装目录下的自带编译器目录（即 MinGW 所在的路径），将其复制进去，或者单击其右侧的 ... 选择编译器安装的目录。因为前面提到 Code::Blocks 是安装在 C 盘的根目录下，所以编译器的目录应为 C:\ CodeBlocks\MinGW。

第 3 步：重新编译程序，如果编译器没有报错，则说明已配置成功。

如果在 Windows 系统中程序输出中文时出现乱码，则很可能是编码方式不一致导致的。解决方法有如下两种。

（1）如图 1-14 所示，单击主菜单项<Settings>，选择第二个操作项<Editor...>，单击<Encoding settings>，可以看到默认的编码方式是 WINDOWS-936（其实就是 GBK）。此时可以把文件打开的编码方式修改为 UTF-8，如图 1-15 所示。修改完设置后必须重新保存文件才有效，这意味着以后保存的文件都是 UTF-8 编码。

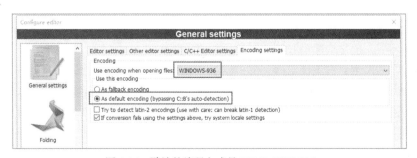

图 1-14　默认的编码方式是 WINDOWS-936

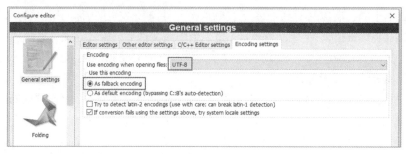

图 1-15　把文件打开的编码方式修改为 UTF-8

（2）仍使用默认的 WINDOWS-936 编码方式打开和保存文件，但是让编译器使用 GBK 编码编译程序，即单击主菜单项<Settings>，选择第三个操作项<Compiler...>，然后单击<Other compiler options>选项，如图 1-16 所示，在其下的文本框中键入下面两行内容，然后单击<OK>按钮，重新保存文件，即可使用 GBK 编码编译程序。

```
-fexec-charset=GBK
-finput-charset=GBK
```

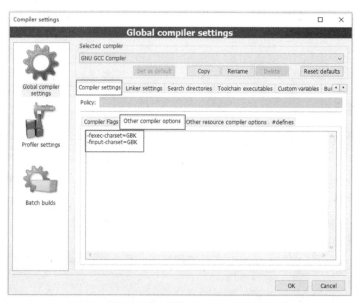

图 1-16　设置让编译器使用 GBK 编码编译程序

1.1.4　调试程序

在程序编译、链接和运行的过程中，不可避免地会发生各种各样的错误（bug），通过人工或借助工具对程序查找和修正程序错误的过程，就是程序调试（Debug）。程序调试是软件设计开发过程中的重要环节，也是程序员必须掌握的技能。

常见的程序错误主要有编译错误、链接错误、运行时错误。编译错误是指在编译阶段发现的错误，主要为语法错误，如标识符未定义、语句缺少分号等。在编译器给出的错误提示信息中，一般都能指出错误发生的语句行位置和错误的内容，根据这些提示信息，程序员可以很容易地修改错误。链接错误是由缺少程序所调用的函数库或者缺少包含库函数的头文件等原因导致的。运行时错误是指程序在运行过程中发生的错误，如使用了错误的算法而导致计算结果错误、因类型转换导致数值溢出、因循环测试条件错误导致死循环、因数组越界或使用未初始化的指针导致非法内存访问等。

　　利用集成开发环境的调试工具跟踪程序的执行，了解程序在运行过程中的状态变化情况，如关键变量的数值等，可以帮助我们快速定位并修改错误。常用的调试方法包括：设置断点、单步跟踪、在观察窗口中观察变量的值，通常这些方法需要联合使用。

1. 设置断点

　　设置断点（Breakpoint）是指设置程序运行时希望暂停的代码行，当将某一行代码设置为断点后，程序运行到这一行代码时将暂停运行，断点所指向的代码行不会被执行，而是成为下一步待执行的语句行。可以在一个程序中设置多个断点，每次运行到断点所在的代码行时，程序就会暂停执行。设置断点的目的是方便我们观察程序在执行完该断点前的所有语句后的变量和参数值的变化情况，以便查找或排除程序出现异常的原因。

2. 单步跟踪

　　单步跟踪通常与设置断点配合使用。当程序暂停到断点处以后，如果希望断点后面的代码逐个语句或逐个函数地执行，以便逐个语句或逐个函数地检查程序的执行结果，那么就需要对程序进行单步跟踪。对程序进行单步跟踪执行有如下 6 种选择。

　　（1）单步执行（Step over）：执行一行代码，然后暂停。当存在函数调用语句时，使用单步执行会把整个函数视为一次执行（即不会进入到该函数中去执行函数内部的语句），直接得到函数调用结果。该方式常用在多模块调试时，可以直接跳过已测试完毕的模块，或者直接通过函数执行后的值来确定该测试模块中是否存在错误。

　　（2）单步进入（Step into）：如果此行中有函数调用语句，则进入当前所调用的函数内部执行，并在该函数的第一行代码处暂停；如果此行中没有函数调用，其作用等价于单步执行。该方式可以跟踪程序的每步执行过程，优点是容易直接定位错误，缺点是调试速度较慢。所以通常是在锁定发生错误的模块后再使用单步进入来跟踪进入函数内部找出错误所在的行。单步进入一般只能进入用户自己编写的函数。如果编译器提供了库函数的代码，也可以跟踪到库函数里执行。

　　（3）运行出函数（Step out）：如果只想调试函数中的部分代码，调试完后就跳出该函数，则可以使用这种方式。

　　（4）运行到光标所在行（Run to cursor）：将光标定位在某行代码上并调用这个命令，程序会一直执行，直到抵达断点或光标定位的那行代码暂停。如果我们想重点观察某一行（或多行）代码，而且不想从第一行启动，也不想设置断点，则可以采用这种方式。这种方式比较灵活，可以一次执行一行，也可以一次执行多行；可以直接跳过函数，也可以进入函数内部。

　　（5）继续运行（Continue）：继续运行程序，当遇到下一个断点时暂停。

　　（6）停止调试（Stop）：程序运行终止，停止调试，回到编辑状态。

3. 在观察窗口中观察变量的值

　　观察窗口通常需要与设置断点和单步跟踪配合使用。当程序在某一行语句处暂停执行时，通常是为了要查看语句中的某个变量的当前值，以观察程序执行了哪些操作以及执行这些操作后产生了哪些结果，这时就需要使用观察窗口，通过观察变量的值的变化，以快速地找出程序中的 bug。

　　Code::Blocks 在调试工具栏中提供了支持上述调试功能的按钮，从左至右各按钮的功能分别如下。

　　• ▶ Debug/Continue，Debug 表示开始调试，Continue 表示继续调试。若程序中断在某个断点处，单击该按钮后，程序会继续执行，直到遇到下一个断点或程序执行结束，对应快捷键 F8。

- $\mathbb{Q}$ Run to cursor，即执行程序并且在光标所在行中断程序的执行。在未设置断点但又想在某代码行处中断执行时，可以将光标移动到想要中断的那一行代码上，然后使用此功能，对应快捷键 F4。

- $\mathbb{G}$ Next line，即执行一行代码，然后在下一行中断程序的执行，若本行语句中含有函数调用，则不会进入函数内部执行，而是直接跳过，直接返回函数的调用结果，对应快捷键 F7。

- $\mathbb{G}$ Step into，即转入函数内部去执行，当需要调试函数内部的代码时，则需要使用此功能，对应快捷键 Shift+F7。

- $\mathbb{G}$ Step out，即跳出正在执行的函数，返回到函数调用语句位置继续执行，对应快捷键 Ctrl+F7。

- $\mathbb{G}$ Next instruction，即执行下一条指令。相对于 Next line 而言，其执行单位更小，对应快捷键 Alt+F7。

- $\mathbb{G}$ Step into instruction，即步入下一条指令内部去执行，对应快捷键 Alt+Shift+F7。

- $\blacksquare$ Break debugger，即暂停调试。

- $\boxtimes$ Stop debugger，即终止调试。当已经发现错误、不再需要继续调试程序时，可使用此功能，对应快捷键 Shift+F8。

- $\boxed{\text{国}}$与调试相关的观察窗口，如想查看 CPU 的寄存器状态、函数调用栈的调用情况或变量的当前值等信息，可以开启相关的窗口。

- $\boxed{i}$信息窗口，开启一些比较琐碎的程序执行时的相关信息窗口。

【例 1.1】假设有下面的程序，其预期的功能是"计算数组 a 中所有元素的和"。请调试程序排查其中的错误。

```
1   #define N 5
2   int  Add(int a[], int n);
3   int main(void)
4   {
5       int a[N] = {5,4,3,2,1};
6       sum = Add(a, N);
7       printf("sum =%d\n", sum);
8       return 0;
9   }
10  int Add(int a[],  int n)
11  {
12      int sum;
13      for (int i=0; i<n; i++)
14      {
15        sum -= a[i];
16      }
17      return sum;
18  }
```

在 Code::Blocks 下调试该程序代码的步骤如下。

1. 排查编译错误

首先，创建一个名为 demo 的项目，然后将上面的代码输入到 main.c 文件中，编译程序，此时会在 Code::Blocks 的 Build messages 窗口内显示图 1-17 所示的编译错误和警告信息。

注意，若要利用 Code::Blocks 的调试工具进行程序调试，则必须创建一个控制台应用项目（project）。若只创建或者打开一个 C 文件，则只能编译运行，不能对代码进行调试。

图 1-17　程序编译后的状态

单击错误提示信息，会在发生错误的代码行号右侧空白处出现一个红色的方块。根据错误信息的提示，第 6 行的变量 sum 是一个未定义的标识符，将第 6 行语句修改为：

```
int sum = Add(a, N);
```

重新编译程序，会在 Build messages 窗口内显示图 1-18 所示的警告信息。

图 1-18　Code::Blocks 错误提示窗口中显示的警告信息

根据提示，程序中使用了内置的函数 printf()，但是因为没有包含相应的头文件 stdio.h，所以该函数缺少函数声明，需要在程序的第 1 行加上下面的文件，其中包含编译预处理命令：

```
#include <stdio.h>
```

此时，再重新编译程序，显示图 1-19 所示的信息，表示程序编译成功。

```
◀  🗋 Code::Blocks  ×  🔍 Search results  ×  🗋 Cccc  ×  🗋 Build log  ×  🗹 Build messages  ×
-------------- Build: Debug in demo (compiler: GNU GCC Compiler)--------------
mingw32-gcc.exe -Wall -g -std=c11  -c D:\c\demo\main.c -o obj\Debug\main.o
mingw32-g++.exe  -o bin\Debug\demo.exe D:\c\demo\main.o
Output file is bin\Debug\demo.exe with size 69.24 KB
Process terminated with status 0 (0 minute(s), 0 second(s))
0 error(s), 0 warning(s) (0 minute(s), 0 second(s))
```

图 1-19　程序编译成功后显示的信息

2. 排查运行时错误

在确保程序编译成功即排除所有的编译错误后，再利用 CB 的调试工具排除程序中的运行时错误。具体步骤如下。

（1）设置调试模式

在开始调试前，先查看一下<Build target>的选项是否为 "Debug"，如果是 "Release" 非调试模式，则需要修改为"Debug"，方法如图 1-20 所示。

（2）设置断点

在需要暂停执行观察变量值的代码行号的右侧空白处，单击鼠标左键，或在光标所在行位置按 F5 快捷键，则会出现图 1-21 所示的红色圆点，表示在该行成功设置了断点。再次单击红色圆点，即可取消断点。

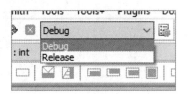

图 1-20　设置调试方式

图 1-21　设置断点

（3）单步跟踪

如图 1-22 所示，单击<Debug>主菜单下的<Start/Continue>选项，或使用 F8 快捷键，或直接单击调试工具按钮栏中的 ▶，开始调试。

此时，程序会在遇到的第一个断点处中断，等待进一步的操作。如图 1-23 所示，在标记断点的红色圆点内出现一个黄色的小三角。

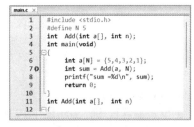

图 1-22　启动调试功能　　　　　　　　　　图 1-23　调试程序暂停

（4）打开调试观察窗口观察变量的值的变化情况

单击图 1-24 所示的调试工具按钮栏中的 调试观察窗口，选择<Watches>选项，此时会出现图 1-25 所示的调试观察窗口，其中显示各个局部变量当前的值。

图 1-24　启动调试观察窗口

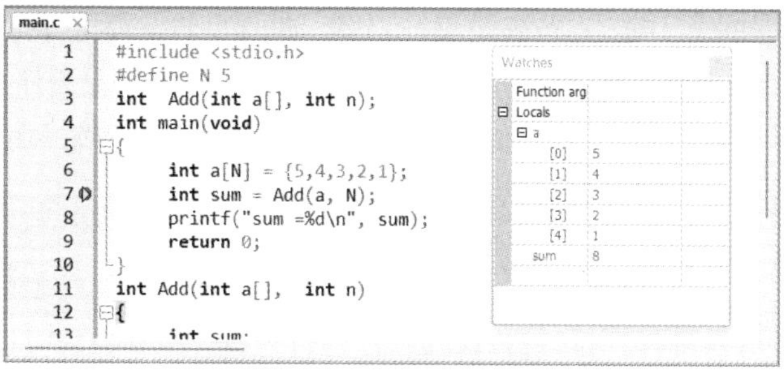

图 1-25　调试观察窗口

然后，通过单步执行就可以观察各个变量在每一步执行后值的变化情况了。当程序在第 7 条语句暂停执行时，显示 sum 的值为 8，由于尚未给 sum 赋值，显然此时的 sum 值是一个随机数，换个编译器或计算机有可能得到不同的值。由于第 6 行语句已经被执行完毕，因此可以看到数组 a 的数组元素已经按预期被初始化为 5、4、3、2、1。由于当前待执行的第 7 行语句中存在函数调用，为了排查被调用的函数是否存在 bug，因此需要进入该函数内部去执行。为了进入第 7 行中的 Add() 函数内部去执行，可以按快捷键 Shift+F7 或单击按钮⤵，于是黄色箭头暂停在函数 Add() 内的第一条可执行语句（即第 14 行），如图 1-26 所示。此时，观察到观察窗口内变量 sum 和 i 的值都是一个随机值，因为它们都尚未赋初值。

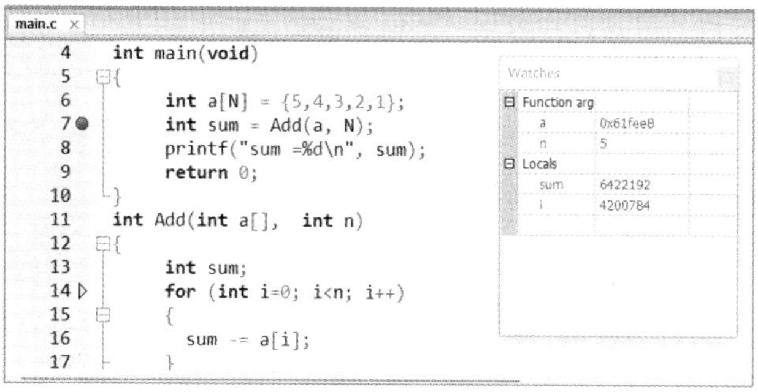

图 1-26　进入 Add() 函数内部调试

由于当前待执行的第 14 行语句中没有函数调用，因此可以改成按快捷键 F7 或单击按钮⤷进行逐条语句单步执行。黄色箭头指向下一条待执行的语句 "sum -= a[i];"。通过调试观察窗口可以看到，变量 i 已经被赋值，为了观察数组 a[i] 的值，可以在调试观察窗中手动输入 a[i]，按回车后，将显示 a[i] 的值为 5，但变量 sum 仍未被赋值，其值是一个和编译器有关的随机值，如图 1-27 所示。这样，我们就发现了第 13 行的变量 sum 未被初始化的错误。

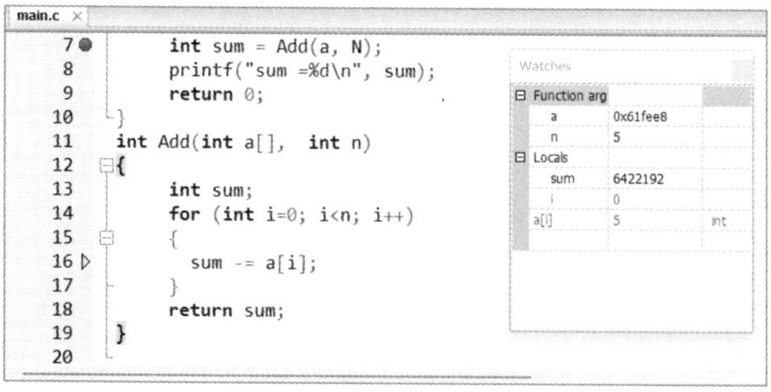

图 1-27　在观察窗口内查看变量 i、sum 和数组元素 a[i] 的值的变化

继续按 F7 键或按钮，第 16 行语句执行完毕，此时我们发现执行完第一次循环后 sum 的值减少了 5，并不是我们预期的将 a[0]累加到 sum 中后的值 5，原因是程序要计算数组元素的和，而第 16 行的语句却将运算符"+"误写成了"−"，因此导致程序计算结果错误，如图 1-28 所示。

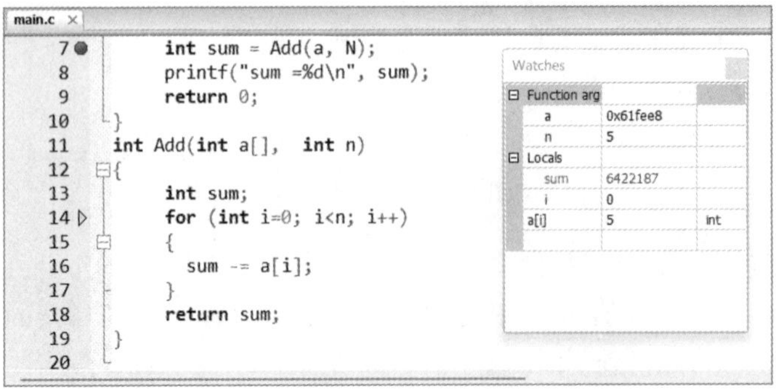

```
main.c ×
     7 ●       int sum = Add(a, N);
     8          printf("sum =%d\n", sum);
     9          return 0;
    10     }
    11  int Add(int a[],  int n)
    12     {
    13          int sum;
    14 ▷        for (int i=0; i<n; i++)
    15          {
    16              sum -= a[i];
    17          }
    18          return sum;
    19     }
    20
```

Watches
- Function arg
  - a   0x61fee8
  - n   5
- Locals
  - sum 6422187
  - i   0
  - a[i] 5   int

图 1-28   在观察窗口内观察变量 sum 值的变化

（5）结束调试

在找到程序中的 bug 后，不再需要继续调试程序，可以按快捷键 Shift+F8 或者按钮，终止程序调试。

（6）修改错误，重新运行程序

修正以上两个错误后，重新执行程序，可得到正确的输出结果。

3．命令行参数程序调试

有些程序在运行时需要通过命令行方式将参数传递给程序，此时程序的调试步骤如下。

第 1 步：将不带参数的主函数修改为带参数的形式，即修改为：

```
int main(int argc, char* argv[])
```

第 2 步：单击<Project>菜单下的<Set program's arguments>选项，打开命令行参数设置对话框来设置项目运行所需的命令行参数，如图 1-29 所示，我们输入一个参数为 test。

图 1-29   设置命令行参数

第 3 步：为了方便查看参数的值，在第 6 行设置断点，如图 1-30 所示。此时按快捷键 F8 开始执行程序，程序停留在第 6 行的断点处。此时启动观察窗口，并且添加两个参数 argv[0] 和 argv[1]，如图 1-30 所示，可以看到其中 argc 的值为 2，即有两个命令行参数，其中第一个参数 argv[0] 为可执行程序的完整目录，而第二个参数 argv[1] 即用户输入的 test 参数。

```
main.c ×
 1      #include <stdio.h>
 2      #define N 5
 3      int Add(int a[], int n);
 4      int main(int argc, char* argv[])
 5      {
 6          int a[N] = {5,4,3,2,1};
 7          int sum = Add(a, N);
 8          printf("sum =%d\n", sum);
 9          return 0;
 10     }
 11     int Add(int a[],  int n)
 12     {
 13         int sum = 0;
 14         for (int i=0; i<n; i++)
```

Watches	
⊟ Function arguments	
argc	2
argv	0xb00de0
⊟ Locals	
sum	12
⊟ a	
[0]	6422404
[1]	4200878
[2]	4200784
[3]	2297856
[4]	48
argv[0]	0xb00d65 "D:\\c\\demo\\bin\\Debug\\demo.exe" char *
argv[1]	0xb00d83 "test" char *

图 1-30　修改 main 函数、设置断点并观察参数值

4．程序不能正常调试的解决办法

如果程序不能正常调试，通常有以下几种可能。

（1）只创建了一个 C 文件，没有创建一个控制台应用项目（project）。

解决办法：创建一个新的控制台应用项目（project），将其中的 main.c 文件内容替换为自己编写的程序代码。

（2）程序所保存的目录名中有中文或空格。

解决办法：将程序保存到没有中文和空格的文件夹下。

（3）调试器配置错误，这种情况通常发生在多次卸载和安装 Code::Blocks 之后。

解决办法：首先，单击下拉菜单<Settings>，选择第 4 个选项<Debugger>。然后，在弹出的图 1-31 所示的界面中选择左侧的 Default，在右上方的 Executable path 中查看调试器的根目录是否是实际安装的根目录。如果不是，则找到 Code::Blocks 安装目录下的自带调试器目录，将找到的调试器根目录复制进去，或者单击其右侧的 ⋯ 选择调试器安装的目录。

图 1-31　查看调试器中的根目录是否配置正确

1.1.5 多文件编程

当程序规模比较大时，往往需要将宏定义、函数原型声明、源代码分别保存在不同类型的多个文件中。多文件项目的调试方法与普通单文件项目并无区别，只是在调试过程中，需要注意变量、函数、宏的重复定义、外部声明等问题。

假设一个名为 Test 的项目中需要包含 3 个源文件 Area.c、MyMath.c、test.c，以及头文件 Area.h、MyMath.h、const.h，则创建该多文件项目的过程如下。

首先，创建一个名为 Test 的控制台项目，手动删除 CB 自动添加的源代码文件 main.c。在 CB 左侧的管理器（Management）中，打开项目 Test 的源文件夹 Sources，在文件名 main.c 上单击鼠标右键，选择 <Remove file from project> 即可，如图 1-32 所示。或者在 CB 的管理器（Management）中单击文件名 main.c 后，直接按 Delete 键删除文件。这样得到一个不包含任何代码文件的空项目。

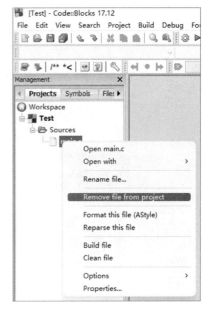

图 1-32 将文件从项目中删除

然后，向项目中添加新文件（.h 文件或.c 文件），具体方法如下。

第 1 步：如图 1-33（a）所示，单击按钮栏中最左侧的添加新文件按钮，在弹出的菜单中选择 <File...>。也可以如图 1-33（b）所示，单击主菜单 <File> 中的 <New>，在弹出的菜单中选择 <File...>。

（a）通过按钮添加新文件

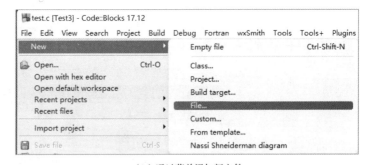

（b）通过菜单添加新文件

图 1-33 选择在项目中添加新文件

第 2 步：在图 1-34 所示的窗体中选择要添加的新文件类型，新文件类型有头文件 <C/C++ header>、<C/C++ source>、<Empty file> 等。若要添加.c 文件，则需选择 <C/C++ source>，然后单击 <Go> 按钮。

第 3 步：在弹出的语言选择窗体中选择 <C>，单击 <Next> 按钮，如图 1-35 所示。

第 4 步：在接下来弹出的图 1-36 所示的窗体中的文件路径编辑框中输入完整的路径，并勾选 Add file to active project 下的 <Debug> 和 <Release> 复选框，然后单击 <Finish> 按钮。

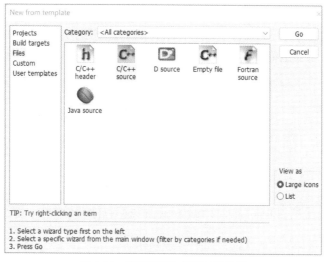

图 1-34　选择要添加的新文件类型

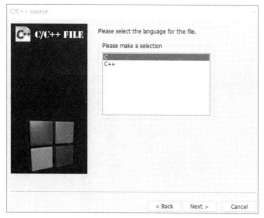

图 1-35　选择要添加的新文件的语言类型

图 1-36　选择要添加文件的保存路径

第 5 步：采用与第 4 步相同的方法依次在项目 Test 的目录树中添加源文件 MyMath.c、test.c，以及头文件 Area.h、const.h、MyMath.h，结果如图 1-37 所示，在右侧的编辑窗口中可以对文件进行输入和编辑。

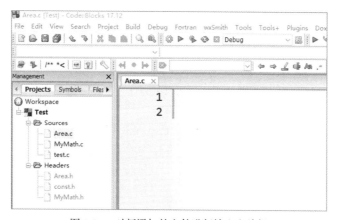

图 1-37　对新添加的文件进行输入和编辑

如果上述文件已存在，则可以一次性将已有文件添加到项目中，具体方法如下。

第 1 步：将已编写好的代码文件复制到项目 Test 所在的文件夹（即 D:\c\Test\）中。

第 2 步：在项目 Test 上单击鼠标右键，选择<Add files...>，如图 1-38 所示。

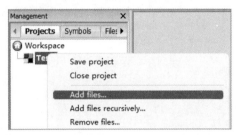

图 1-38　在项目 Test 上单击鼠标右键后弹出的菜单

第 3 步：选择要添加的代码文件，如图 1-39 所示。

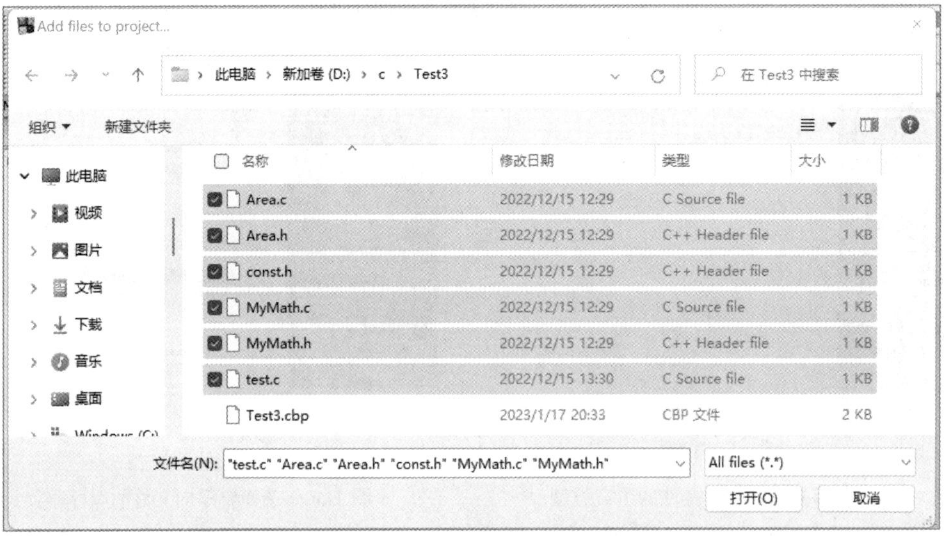

图 1-39　在项目中添加代码文件

第 4 步：在图 1-40 所示的界面中（勾选两个复选框），单击<OK>按钮完成添加。

完成文件添加后，在 Code::Blocks 的管理器中，打开项目 Test 的目录树，可以看到已经添加的全部代码文件，如图 1-41 所示。

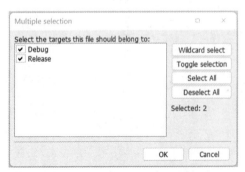

图 1-40　添加文件后的目标多选窗口

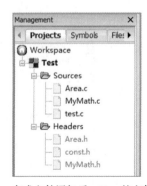

图 1-41　完成文件添加后，Test 的文件目录树

1.2　Visual Studio 集成开发环境

Microsoft Visual Studio（简称 VS）是由美国微软公司开发的 Windows 平台应用程序的集成开发环境，它同时支持 C++和 C 语言的编程。从 2013 年开始推出的免费的社区版即 Visual Studio Community，在功能上与专业版相同，其安装程序可从微软官网直接下载。本节介绍如何在 Visual Studio Community 2022（以下简称 VS 2022）下开发和调试 C 语言程序。

1.2.1　安装 VS 2022

首先到微软官方网站下载免费社区版的安装文件 VisualStudioSetup.exe，按照向导的提示进行安装。在安装过程中，需要注意以下几点。

（1）由于在线安装时间较长，大约需要一小时，因此安装期间务必保持网络畅通。

（2）如果没有微软账户，需要创建一个微软账户。创建时，需要输入 Outlook 邮箱以及账户的密码。如果没有 Outlook 邮箱，可以申请一个新的 Outlook 邮箱，然后按界面提示进行相应操作。

（3）初次启动软件时，会出现图 1-42（a）所示的主题设置界面，可以使用默认主题，也可以在启动软件并创建项目后，通过<工具>下拉菜单下的<主题>选项来更改这些设置，如图 1-42（b）所示。

（a）初次启动时弹出的主题设置界面

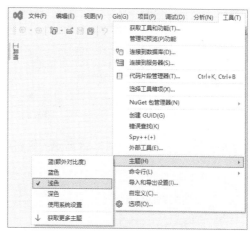

（b）修改主题设置界面

图 1-42　主题设置

1.2.2　创建项目

VS 2022 中最大的管理单位是解决方案（Solution），一个解决方案可以包含多个项目（Project），每个项目可以包含多个代码文件。假设要创建一个名为 Demo 的解决方案，包含一个名为 Test 的项目，则步骤如下。

第 1 步：双击桌面上的 Visual Studio 启动图标启动 VS 2022，进入图 1-43 所示的初始界面。单击窗口右下角的<继续但无需代码（W）>，将出现图 1-44 所示的界面，选择<文件>/<新建>/<项目>菜单，即可进入图 1-45 所示的界面，也可以单击<创建新项目>，直接进入图 1-45 所示的窗口。

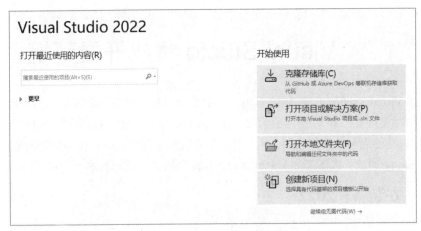

图 1-43　VS 2022 启动后的初始界面

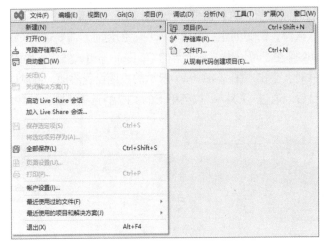

图 1-44　新建项目

第 2 步：创建新项目。在图 1-45 所示的窗口中，选择<空项目>和<C++>，单击<下一步>按钮。

图 1-45　创建新项目

第 3 步：配置新项目。在图 1-46 所示的窗口中，设定项目名称、位置、解决方案名称。在本例中，解决方案名称为 Demo，项目名称为 Test，保存路径为"D:\C_Programming\"，单击<创建>按钮，即可完成项目的创建。

图 1-46　配置新项目

第 4 步：在项目中添加代码文件。在完成项目创建后，进入图 1-47 所示的界面。在 D 盘的 C_Programming 目录下可以看到，出现了新建的与解决方案同名的文件夹 Demo，在该文件夹下包含一个解决方案文件 Demo.sln 以及一个和项目 Test 对应的子文件夹 Test。由于创建的是一个"空项目"，因此该文件夹下没有任何代码文件。

图 1-47　创建项目后的"解决方案资源管理器"窗口

第 5 步：在项目 Test 中添加代码文件。在"解决方案资源管理器"窗口内的<源文件>上单击鼠标右键，选择<添加>/<新建项>，如图 1-48 所示。也可以在工程名字 Test 上单击鼠标右键，选择<添加>/<新建项>进行操作。

图 1-48　为项目添加代码文件

第 6 步：设定添加项的类型和名称。在图 1-49 所示的界面中，选择<C++文件(.cpp) >，并在下方的输入框中输入源文件名 test.c，然后单击<添加>按钮，完成新代码文件的添加。

注意：在创建 C 语言项目时，文件名一定要以 ".c" 作为扩展名，否则系统将按默认扩展名 ".cpp" 保存。

图 1-49　设定新建项为 C 语言源代码文件

第 7 步：编辑源代码。在添加空文件 test.c 后，即可在编辑器窗口中输入源代码，界面如图 1-50 所示。如果事先已经创建并编辑了代码文件 test.c，则可通过<添加>/<现有项>将源代码文件或头文件添加到项目中。

图 1-50　在解决方案 Demo 中添加代码文件 test.c 后的编辑界面

除了文本编辑功能外，VS 2022 编辑器还提供了以下专门为编写代码而开发的功能：

- 关键字高亮显示；
- 代码提示；
- 智能缩进；
- 按快捷键 Ctrl+]自动寻找配套的括号；
- 按快捷键 Ctrl+K+C 注释选中代码；
- 按快捷键 Ctrl+K+U 取消注释选中代码。

修改代码字体和字号大小的方法为：单击编辑器右上角的<设置>按钮⚙，弹出图 1-51 所示的下拉列表，单击其中的<选项>，进入图 1-52 所示的界面。在<环境>中找到<字体和颜色>，然后就可以根据自己的喜好调整字体和字号大小了。这里，我们将字号设置为 Consolas，字号大小设置为 18。

图 1-51　单击<选项>

图 1-52　修改字体和字号大小

1.2.3　编译和运行

仍以 1.1 节例 1.1 的代码为例,将其输入到 test.c 文件中,然后单击菜单栏中的<生成>/<编译>或按快捷键 Ctrl+F7,开始编译源程序。如果修改了程序且希望重新编译整个项目的所有源代码,也可以单击<重新生成解决方案>,如图 1-53 所示。

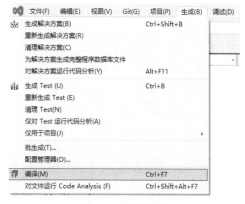

图 1-53　编译程序

完成程序编译后,在 VS 2022 的输出窗口中显示图 1-54 所示的编译错误和警告信息。

图 1-54　程序编译时在输出窗口中显示错误提示信息

在错误列表窗口中的消息区内显示了所有错误和警告及其发生的位置与可能原因。双击错误提示信息，光标会立即跳转到发生错误的代码行。

错误列表的第 1 行的警告信息提示第 6 行的变量 sum 是一个未定义的标识符，在第 6 行的变量 sum 前加上变量类型声明，即修改为：

```
int sum = Add(a, N);
```

其实，将鼠标放到显示红色波浪线的标识符 sum 上，也能显示标识符 sum 未定义的提示信息。

错误列表的第 4 行的警告信息提示 printf 是一个未定义的标识符，在代码首行前插入一行 #include<stdio.h>。此时，重新编译程序，在 VS 2022 的输出窗口中显示图 1-55 所示的编译错误和警告信息。

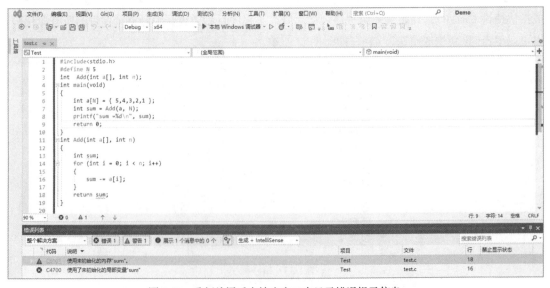

图 1-55　重新编译后在输出窗口中显示错误提示信息

错误列表的第 1 行的警告信息显示第 18 行使用了未初始化的内存 sum,第 2 行的错误信息显示第 16 行使用了未初始化的局部变量 sum。此时，还可以看到第 19 行的位置有个小的灯泡提示符，将鼠标指针移到其上面，可以出现一个快速操作提示，单击这个小灯泡，则会出现与输出窗口显示一样的提示信息，提示第 13 行的变量定义语句需要初始化变量 sum，如图 1-56 所示。

图 1-56 在代码上显示快速操作提示

将第 13 行语句修改为：

```
int sum = 0;
```

然后重新编译程序，此时在 VS 2022 的输出窗口会显示图 1-57 所示的编译成功信息。

图 1-57 编译成功时的 VS 2022 输出窗口内容

单击工具栏中的<本地 Windows 调试器>按钮或按快捷键 Ctrl+F5，即可运行程序。运行后，会出现一个黑色的控制台窗口，在窗口中显示的程序运行结果如图 1-58 所示。虽然程序编译并运行成功了，但结果是-15，是错误的，正确的输出结果应为 1+2+3+4+5=15。下一节将介绍如何利用调试工具排查这个运行时错误。

图 1-58　显示运行结果

注意，由于 scanf()不能限制输入字符串的长度，因此 VS 2022 将其视为不安全的函数，改用能限制输入字符串长度的 scanf_s()来输入数据，但是 scanf_s()并不是标准 C 提供的函数，只能在 VS 2022 中使用。因此，若要在 VS 2022 中继续使用 scanf()，则在源文件的第一行加上下面的宏定义即可。

```
#define _CRT_SECURE_NO_WARNINGS 1
```

1.2.4　调试程序

在默认情况下，VS 2022 中的程序都是采用调试模式进行编译的。如图 1-59 所示，单击<Debug>右侧的下三角按钮图标，在弹出的下拉列表中有<Debug>和<Release>两个选项。Debug 模式表示将 VS 2022 设定为调试程序的工作模式，该模式下生成的编译结果包含调试信息，便于程序调试，但程序运行速度慢。而 Release 模式会在程序编译过程中对程序进行优化处理，尽管程序优化后生成的可执行文件的功能不变，但与源程序的代码往往不一致，也没有调试信息，不适合调试程序。因此，在程序开发阶段，需要频繁调试程序时，通常使用 Debug 模式编译程序。而完成调试工作后，需要将软件交付给用户时，则采用 Release 模式编译程序。

图 1-59　设置调试模式

注意：<Debug>旁边的"x64"表示将程序编译成 64 位程序，这是 VS 2022 的默认值。如果需要编译生成 32 位的可执行程序，则在编译前从下拉列表中选择"x86"即可。

接下来，仍以例 1.1 的错误代码为例，介绍在 VS 2022 中如何使用调试工具调试程序。

（1）设置断点

在某一条语句位置设置断点的目的就是让程序运行到某一条可执行语句后暂停执行。例如，若要让程序在执行到第 7 行语句时暂停执行，则可以将光标移至第 7 行，按快捷键 F9，于是该行语句的左侧就会出现一个红色的圆点，表示设置断点成功。直接在该行语句左侧深灰色一栏的位置单击鼠标左键，也可以设置断点。断点设置成功后的界面如图 1-60 所示。

按快捷键 F5 开始调试程序，遇到断点就暂停，进入跟踪状态，如图 1-61 所示。注意，此时断点所在的代码行并未执行，而是成为了程序下一条将要执行的语句。由图 1-61 可见，程序在第 7 行暂停，此时左下角的自动窗口中的局部变量 sum 的值仍是-858993460。这是因为第 7 行的语句尚未执行，sum 还未被赋值，因此其数值是一个和编译器有关的随机值。

此时，可以发现在菜单栏下面出现了如下的调试按钮：

- ▶按钮表示开始或继续调试，对应快捷键 F5；
- ■按钮表示停止调试，对应快捷键 Shift+F5；
- ↻按钮表示重新开始，对应快捷键 Ctrl+ Shift+F5；
- ↓按钮表示单步进入或逐语句执行，可以跟踪进入函数内部进行调试，对应快捷键 F11；
- ↷按钮表示单步执行或逐过程执行，可以直接得到函数结果，对应快捷键 F10；
- ↑按钮表示跳出函数，对应快捷键 Shift+F11。

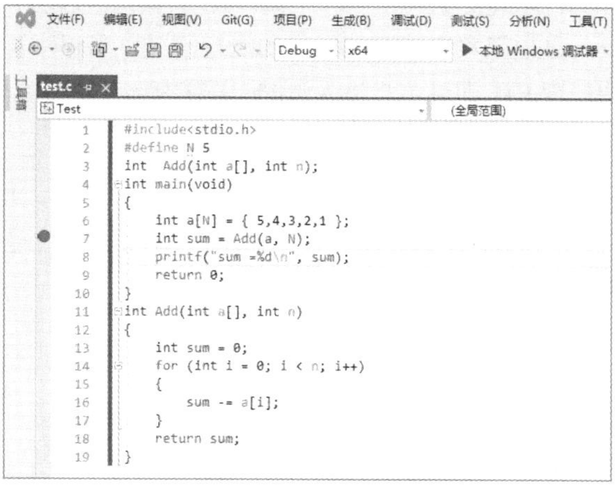

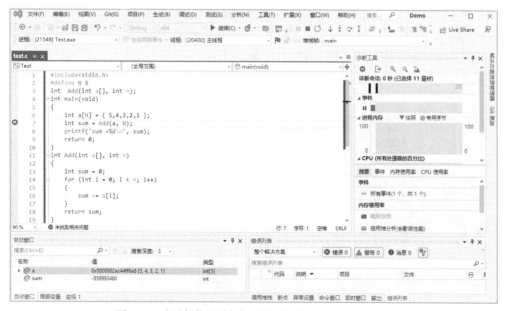

图 1-60　在需暂停的语句行上设置断点

（2）在观察窗口中观察变量值

如图 1-61 所示，在中断程序后，VS 2022 中有如下观察窗口。

图 1-61　在需暂停的语句行上设置断点后调试运行的状态

自动窗口：显示在当前代码行和前面代码行中使用的变量的值，如果有函数，还会显示函数的返回值。

局部变量窗口：显示对于当前上下文（通常是当前正在执行的函数）而言位于本地的变量。

　　监视窗口：可以添加需要观察的变量。通过这个窗口，可以在程序中断时，手动修改变量的数值。在源代码窗口中，在需要监视数值的变量名上单击鼠标右键，选择<添加监视>，即可将该变量添加到监视窗口。

　　此外，还有调用堆栈、断点、异常设置、命令窗口、即时窗口、输出、错误列表等窗口。

　　（3）单步跟踪进入函数调用

　　调试程序时，首先要分析出可疑函数，然后跟踪至该函数内部，在函数内部调试程序。在本例中，只有一个函数 Add()，Add(a, N)是函数调用语句，若要进一步分析为何执行完该函数得到的结果是错误的，需进入 Add()函数内部跟踪程序的执行情况，当程序暂停在第 7 行的函数调用语句时，按 按钮或按快捷键 F11 即可单步进入 Add()函数内部（如图 1-62 所示），此时黄色箭头暂停在函数 Add()的函数体的第 1 行上（即第 12 行）。

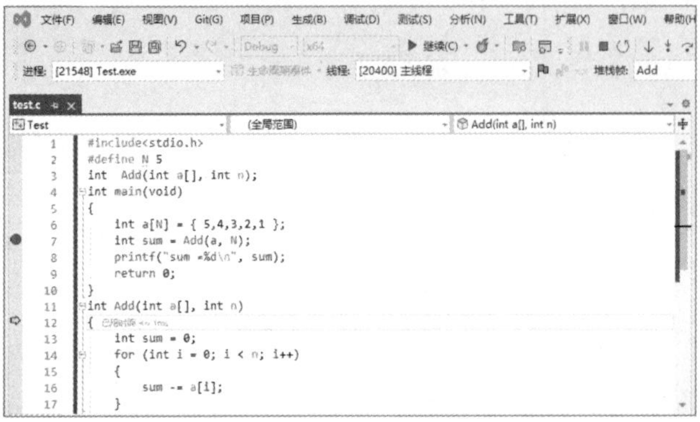

图 1-62　单步进入函数调用跟踪函数执行

　　在本例中，进入 Add()函数后，按 按钮或按快捷键 F10 单步跟踪，如图 1-63 所示，当跟踪至第 17 行即执行完第 16 行的 sum 求和语句时，通过在自动窗口中观察变量的值，发现循环第一次求和的值不正确，原因是程序要计算数组元素的和，而这里却将运算符"+"误写成了"-"，因此导致程序计算结果错误。

图 1-63　跟踪到函数内部调试

将"–="修改为"+="后，按■按钮停止调试，删除断点，按▶重新运行程序，如图 1-64 所示，得到与预期相同的运行结果，表明程序中的 bug 已被修正。

图 1-64　程序修改后的运行结果

（4）控制调试的步伐

对于循环内的语句，可以以手动单步执行的方式，每执行一次循环，就观察一次变量的值的变化，但这样的单步执行效率很低。为了提高调试效率，可以从以下方式中任选一种方式来控制调试的步伐。

①按▶按钮或按快捷键 F5，程序一直运行到结束或再次遇到断点。

②将光标移到循环语句之后的"return sum;"这一行，按快捷键 Ctrl+F10，表示要"运行到光标所在的行"，则黄色箭头停在"return sum;"处，此时可以直接观察循环结束后的计算结果。

③按↑按钮或按快捷键 Shift+F11，表示要"运行出函数"，直接回到主调函数的函数调用语句位置，此时可以观察函数调用结束后的返回值。

④设置条件断点。条件断点是指给断点设置条件，仅当该条件满足时，这个断点才会生效，暂停程序的运行，用于仅观察在某次循环执行时的计算结果。

例如，在第 16 行设置断点，并期望仅在满足条件"i==4"时暂停程序运行。首先，将光标移动到第 16 行，按快捷键 F9 设定断点。然后，用鼠标右键单击第 16 行左端的实心圆点形的断点图标。在图 1-65 所示的弹出菜单中有多种操作和属性设置，选择<条件(C)...>选项，进入条件断点设置界面；或者将鼠标移动到断点的红色圆点图标后，单击窗口出现的齿轮形浮动图标❀，进入条件断点设置窗口。

如图 1-66 所示，在条件断点设置窗口中输入条件"i==4"，条件值设定为默认值"true"，单击<关闭>按钮完成条件设定。此时，断点图标从红色的实心圆点，变成内带黑色加号的红色实心圆点❂。

图 1-65　设置断点属性

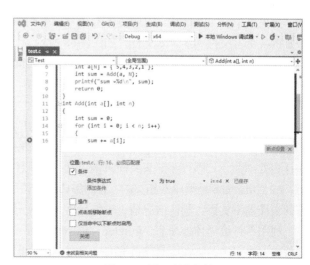

图 1-66　设置断点条件

然后，重新调试运行，如图 1-67 所示，程序在第 16 行的条件断点处暂停，通过观察自动窗口中变量 sum 的值可以发现，i=4 时 sum 的值为-14 是错误的。

图 1-67　条件断点暂停时的结果

条件断点在调试循环程序时非常有用，通过对断点设置一定的条件，仅在该条件为"真/true"的时候才暂停，使调试变得更高效。

1.2.5　多文件编程

假设一个名为 Test 的项目中需要包含 3 个源文件 Area.c、MyMath.c、test.c，以及头文件 Area.h、MyMath.h、const.h，则在 VS 2022 中创建该多文件项目的过程如下。

首先，创建一个项目并添加文件。按照 1.2.2 节介绍的方法，既可以在已有的解决方案 Demo 中添加一个新的项目，也可以将已有的项目中的源文件移除，然后添加新的源文件和头文件。在添加完上述文件后，在"解决方案资源管理器"的项目 Test 中可以看到新添加的 3 个.h 文件和 3 个.c 文件，如图 1-68 所示。

图 1-68　"解决方案资源管理器"的项目 Test 中的程序文件

需要注意的是，在大型项目中，不同的文件之间包含关系复杂，最终可能会导致一个代码文件直接、间接包含了某个头文件两次或者更多次（超过 1 次），进而产生"重复宏定义"的编译错误。在 VS 2022 中，只要在头文件的最开始加上#pragma once 这条 C/C++编译预处理命令，即可保证头文件只被包含一次。注意，#pragma once 是编译器相关的，有的编译器支持，有的编译器不支持，具体情况请查看编译器 API 文档。

利用条件编译预处理命令#ifndef… #else…#endif 将.h 文件的全部内容括起来，也可以避免头文件被包含多次，它在所有支持 C/C++语言的编译器上都是有效的，所以如果需要程序跨平台运行，则推荐使用这种方式。

由于项目包含多个文件，在编程和调试过程中，会涉及多个文件的修改。在程序编译时，仅对修改的文件进行编译，可以节省编译时间。但在项目规模不大时，全部重新编译的速度也比较快。如果仅编译修改的文件，在调试运行时，编译器有时会提醒项目过期或者出现断点无法停止的问题，此时还需要重新完整编译。因此，在多文件项目编译时，推荐采用"重新生成"的方法，对整个项目进行完整的编译。在解决方案资源管理器中的项目 Test 上，单击鼠标右键，选择<重新生成>，如图 1-69 所示。

图 1-69　选择<重新生成>

1.3　VS Code 集成开发环境

Visual Studio Code（简称 VS Code）是微软公司 2015 年发布的一款免费的跨平台（Windows、MacOS 和 Linux）IDE，具有免费、轻量、插件丰富、调试功能强大等特点，现已成为全球最受欢迎的集成开发环境，它能帮助开发人员根据实际需求定制编辑器，且包含 40 000 多个可用扩展，开发人员可通过来自编辑器内置的 VS Code Marketplace 直接在 VS Code 内查找和安装这些扩展。例如，只要输入搜索词 C++，即可返回一个匹配的扩展列表，供开发者选择安装 C/C++扩展包。本节将介绍如何使用 VS Code 进行 C 语言编程。

1.3.1　安装 VS Code 并配置 C 语言开发环境

可以从 VS Code 官网下载 VS Code 的安装文件，只要按照向导提示安装即可。安装成功后，会显示图 1-70 所示的界面。首次运行 VS Code 的初始界面如图 1-71 所示。

由于 VS Code 没有内置对 C/C++语言编程的支持，因此在使用 VS Code 进行 C/C++语言编程前，需要先安装 VS Code 的 C/C++扩展包，并完成 C/C++语言开发环境的配置。因此，在完成 VS Code 的安装后，还要做如下配置工作。

（1）配置 C/C++语言开发环境

这里采用 MinGW，可从 MinGW 官网下载 MinGW 安装包 mingw-get-setup.exe。双击它，按

照向导的提示进行安装。

　　安装完 MinGW 后，还需要配置环境变量。为了初学者方便，本书作者将 MinGW 的安装和配置过程做成了一键安装 MinGW 的安装包，可向作者发邮件索取或在人邮教育社区下载。

图 1-70　VS Code 安装完成

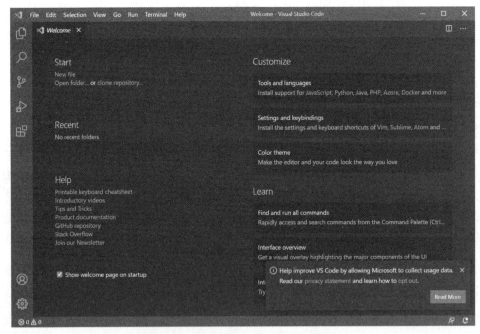

图 1-71　首次运行 VS Code 的初始界面

（2）安装 VS Code 的 C/C++ 扩展包

　　启动 VS Code，进入图 1-72 所示的界面，单击左侧圈中的按钮🔲后，出现图 1-73 所示的扩展包安装界面。在图 1-73 所示的界面左侧的搜索栏内输入 C++，搜索相应的扩展包，单击<安装>按钮进行安装，安装完成后，<安装>按钮会变成<卸载>按钮。需要安装的扩展包为 C/C++ 和 C/C++ Runner。

图 1-72 VS Code 启动界面

图 1-73 安装 C/C++扩展包

其他设置，例如修改主题样式和支持中文显示等介绍如下。

（1）修改主题样式

如果用户想改变主题样式，则可以选择<文件>/<首选项>/<颜色主题>，如图 1-74（a）所示，单击需要切换的主题即可。例如，在图 1-74（b）中选择<深色(Visual Studio)>，则 VS Code 变为相应的主题样式。

（a）选择<文件>/<首选项/颜色主题>

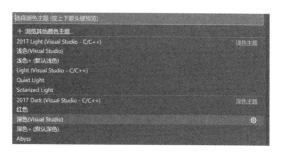

（b）当前的主题样式

图 1-74 修改主题样式

（2）支持中文显示

当使用 VS Code 时出现中文乱码，其主要原因是文件的编码方式与 VS Code 默认或设置的编码方式不匹配导致的，可尝试以下几种方法来解决。

（1）修改默认编码格式。打开 VS Code，单击左下角的按钮 ⚙ 进入设置，在搜索栏中搜索"Encoding"，在"Files:Encoding"的设置中，选择或修改默认文件编码格式为 UTF-8。

（2）设置自动识别文件编码。在设置中搜索"Encoding"，勾选"Files：Auto Guess Encoding"的设置下的选项，这样 VS Code 会自动根据文件内容尝试识别并应用合适的编码格式。

（3）通过新编码打开文件。在文件打开时，如果 VS Code 自动识别的编码不正确，可以单击文件旁的编码显示图标，选择正确的编码方式（如 UTF-8）来打开或保存文件。

（4）安装特定插件。例如，安装"Chinese (Simplified)（简体中文）Language Pack for Visual Studio Code"插件，以获得中文支持。

（5）在左侧菜单栏中找到扩展图标，单击后进入扩展商店。在上方搜索框中搜索"gbktoutf8"或"GBK to UTF8 for USCode"，找到后单击该插件，然后单击安装。重新打开代码文件，看中文是否正常显示。

1.3.2　创建文件夹

利用 VS Code 编写 C 语言程序，一定要先创建或者打开一个文件夹。因此，安装好扩展包后，重启 VS Code，如图 1-75 所示，单击主菜单<文件>/<打开文件夹>，打开一个 C 语言源程序文件夹，例如 C_Programming。

打开文件夹 C_Programming 后，如图 1-76 所示，单击主菜单<文件>/<新建文件>，新建一个名为 hello.c 的源文件，并将其保存在文件夹 C_Programming 下。在编辑窗口中输入代码，编辑文件 hello.c，如图 1-77 所示。

图 1-75　打开 C 语言源程序文件夹

图 1-76　新建 C 语言文件

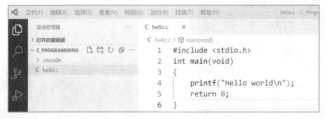

图 1-77　编辑新建的源文件 hello.c

1.3.3　编译和运行

如图 1-78（a）所示，单击左侧列表中的图标 ▶，即可编译运行 C 源代码。在图 1-78（b）所示的界面中单击<运行和调试>，在 VS Code 右上角将出现一个供选择的搜索框，如图 1-78（c）

所示。在搜索框中选择<C++(GDB/LLDB)>后，继续在图 1-78（d）所示的界面中选择<C/C++:gcc.exe>生成和调试活动文件，开始编译程序。

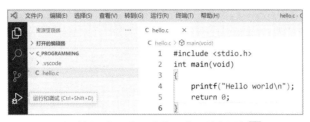

（a）编译运行源代码的第 1 步：单击图标

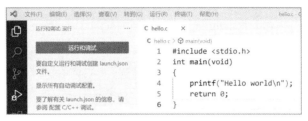

（b）编译运行源代码的第 2 步：单击<运行和调试>

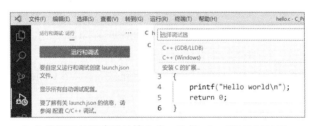

（c）编译运行源代码的第 3 步：选择<C++(GDB/LLDB)>

（d）编译运行源代码的第 4 步：选择<C/C++:gcc.exe>生成和调试活动文件

图 1-78　编译运行程序

也可以直接按快捷键 F5 或 Ctrl+F5 来编译运行程序，或者单击编辑窗口右上角图标栏中▷右侧的，在图 1-79 所示的下拉菜单中选择<调试 C/C++文件>或者<运行 C/C++文件>来编译运行程序。

图 1-79　编译运行程序

程序编译成功后，会在图 1-80 所示的调试控制台窗口中输出程序运行结果"Hello world"。

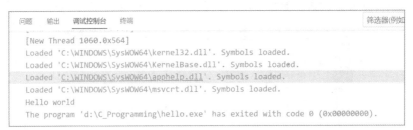

图 1-80　显示运行结果

如果希望在图 1-81 所示的命令行窗口中显示运行结果，则可以在图 1-79 所示的下拉菜单中选择<CompileRun:Compile with default flags & Run with default arguments>。

图 1-81　在命令行窗口中显示运行结果

将 launch.json 文件中的配置选项"externalConsole"由默认的 false 修改为 true 后，也可以实现在命令行窗口中显示运行结果。VS Code 中的 launch.json 文件是一个非常重要的配置文件，它用于配置调试器的启动选项，包括调试器类型的选择、启动参数的设置、启动方式的选择、附加操作的配置等。只有对这些选项进行合理的配置，才能充分发挥 VS Code 调试器的优势，提高开发效率和质量。

1.3.4　调试程序

1. 设置断点

仍以例 1.1 的错误代码为例，假设该 C 文件名为 test1.c，则程序编译后会在 IDE 下方的终端窗口中显示下面的编译错误和警告信息。

```
test1.c: In function 'main':
test1.c:6:6: error: 'sum' undeclared (first use in this function)
    sum = Add(a, N);
    ^~~
test1.c:6:6: note: each undeclared identifier is reported only once for each function
it appears in
test1.c:7:6: warning: implicit declaration of function 'printf' [-Wimplicit-function-
declaration]
    printf("sum =%d\n", sum);
    ^~~~~~
test1.c:7:6: warning: incompatible implicit declaration of built-in function 'printf'
test1.c:7:6: note: include '<stdio.h>' or provide a declaration of 'printf'
```

这些信息提示第 6 行的变量 sum 未声明，并且函数 printf 使用了隐含的函数声明，表示没有包含相应的头文件。修改第 6 行语句并加入文件包含编译预处理指令#include <stdio.h>后，程序给出了错误的运行结果。下面采用设置断点的方式调试程序。

在第 7 行代码的行号左侧单击鼠标左键，如图 1-82 所示，第 7 行的行号前面出现一个红色的小圆点，表示设置了一个断点，在相同位置再次单击，将取消断点。可以给同一段程序添加多个断点。设置完断点后就可以开始程序调试了。

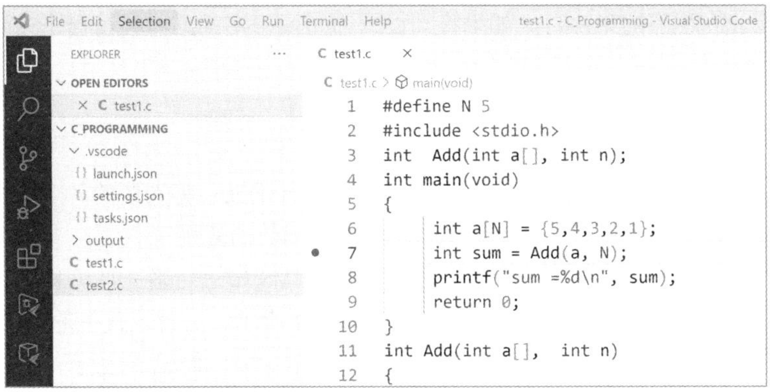

图 1-82　添加断点

2. 开始调试

由于程序中设置了断点，因此运行程序后，将在第 7 行的断点处暂停执行。图 1-83 中的箭头所指的行就是下一步待执行的代码行。

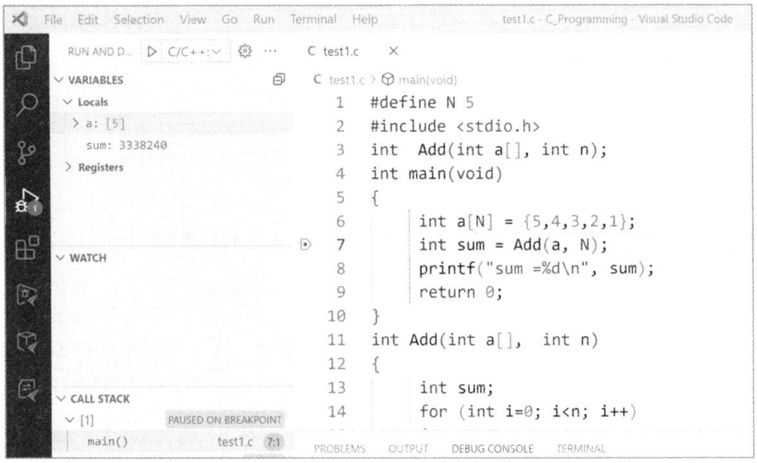

图 1-83　程序执行暂停在断点处

在编辑窗口左侧的观察窗内的<变量>下面，列出了程序当前执行阶段的局部变量的名称及当前值。由于在调用函数 Add() 之前未对变量 sum 进行初始化，因此此时 sum 的值为一个与编译器相关的随机值。

此时，在窗口右上角出现了一排与调试相关的按钮 ，其基本功能如下：

- ▷ 按钮表示开始或继续调试，对应快捷键 F5；
- ↷ 按钮表示单步执行或逐过程执行，可以直接得到函数返回结果，对应快捷键 F10；
- ↓ 按钮表示单步进入或逐语句执行，可以跟踪进入函数内部调试，对应快捷键 F11；
- ↑ 按钮表示跳出函数，对应快捷键 Shift+F11；
- ↺ 按钮表示重新开始，对应快捷键 Ctrl+ Shift+F5；
- □ 按钮表示停止调试，快捷键 Shift+F5。

由于这些调试按钮的基本功能与 VS 2022 中的类似，因此本节不再以实例详细介绍程序的调试方法。

注意，在 launch.json 文件中，有一个重要的配置选项是"stopAtEntry"，用于指定调试器在启动时是否立即停止在程序的第一行。如果将其设置为 true，则调试器会在程序的第一行停止，等待用户逐步执行调试。

1.3.5　多文件编程

在 VS Code 中进行多文件编程，首先需要新建一个文件夹，将需要的各个头文件、C 源文件都复制到这个文件夹下，其中有一个文件是包含 main()函数的 C 源文件，在这个文件中不仅要包含其他的头文件，还要包含其他的 C 源文件，在 CB 和 VS 中进行多文件编程不需要包含其他 C 源文件。添加所有头文件和 C 源文件后的界面如图 1-84 所示。注意，这里的 test.c 比 1.1.5 节和 1.2.5 节的 test.c 多出了第 3 行和第 5 行两行编译预处理指令。后面只需运行这个文件即可。

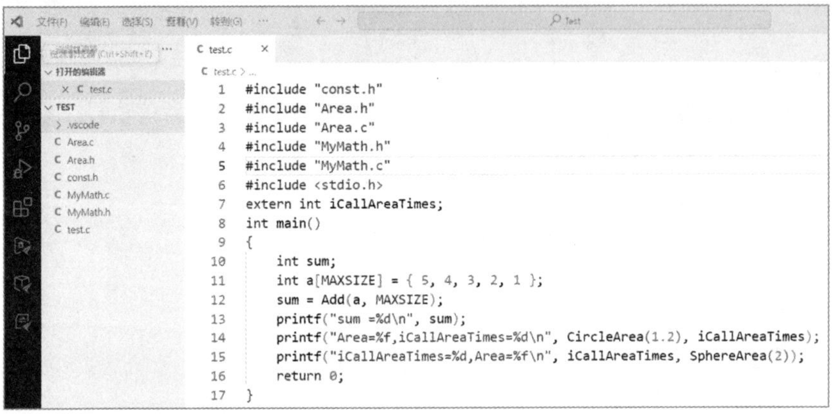

图 1-84　添加所有头文件和 C 源文件后的界面

1.4　使用通义灵码进行 AI 辅助编程

1.4.1　何为通义灵码

通义灵码（TONGYI Lingma）是阿里云出品的一款基于通义大模型的智能编码辅助工具，它是一款基于通义大模型的智能编码辅助工具，提供行级/函数级实时续写、自然语言生成代码、单元测试生成、代码注释生成、代码解释、研发智能问答、异常报错排查等能力，并针对阿里云 SDK/API 的使用场景调优，旨在帮助开发者实现流畅的编码体验，高效地完成研发任务。通义灵码兼容 VS Code、JetBrains 等主流 IDE，并支持 Java、Python、Go、C/C++、JavaScript、TypeScript、PHP、Ruby、Rust、Scala 等主流编程语言。

通义灵码分为个人基础版和个人专业版，其中个人基础版是免费的，阿里云承诺对所有开发者免费提供。而个人专业版目前处于限免阶段，限免期结束后，具体收费情况可能会有所变化。因此，在当前阶段，个人用户可以免费或限免使用通义灵码的不同版本。

1.4.2　在 VS Code 中安装通义灵码插件

可以按如下步骤安装并启动通义灵码插件：

第 1 步：查找并安装插件。在 VS Code 的侧边导航栏中选择🔲即"扩展"，输入搜索词"通义灵码"，单击安装（Install）即可。安装完成后的界面如图 1-85 所示。

图 1-85　通义灵码安装完成后的界面

第 2 步：登录自己的账号。重启 VS Code 后，单击侧边导航栏的  即"通义灵码"，在通义灵码助手的窗口单击登录（Log in）按钮，可自动跳转至登录界面。如果安装后在侧边导航上找不到通义灵码入口，可鼠标聚焦在侧边导航后右键查看，勾选通义灵码后即可将插件入口配置在侧边导航上。完成阿里云登录后，可以看到如图 1-86 所示的登录状态，在 IDE 客户端还可以看到登录的阿里云账号名称。

图 1-86　完成通义灵码登录后的界面

关于文心快码，可以采用类似的方式进行安装，二者并不冲突，开发者可以自由选择使用其中的任意一个 AI 编程插件辅助开发程序。限于篇幅，这里不再赘述。

1.4.3　在 VS Code 中使用通义灵码辅助编程

通义灵码提供的基本功能如下。

（1）行级/函数级实时续写。在编码过程中，根据语法和跨文件的上下文，实时生成建议代码，可以一键采纳生成的建议代码。

（2）自然语言生成代码。通过自然语言描述想要的功能，可直接在编辑器区生成实现相应功能的代码及相关注释。

（3）单元测试生成。支持根据 JUnit、Mockito、Spring Test、UnitTest、pytest 等框架生成单元测试，帮助开发者快速完成测试工作。

（4）代码解释。支持 30 多种语言的识别，选中代码后可自动识别编程语言并生成代码解释。

（5）优化代码。通过分析代码文件，识别出潜在的改进点，并提供相应的优化建议。这些建议包括改进算法、优化数据结构、减少冗余代码、提高代码可读性和健壮性等方面。开发者可以根据这些建议对代码进行调整，从而提升代码的执行效率和可维护性。

（6）代码注释生成。一键生成方法注释及行间注释，节省编写代码注释的时间，有效提升代码可读性。

（7）研发领域自由问答。利用通义灵码的智能问答或 AI 程序员，帮助开发者完成各种编程任务。开发者提供更多任务的详细信息描述，以及相关上下文，如代码文件、图片等，有助于 AI 更好地理解开发者的需求，以输出更准确的解决方案和跨文件的代码建议。

下面针对免费的个人基础版提供的常用 AI 辅助编码功能进行介绍。

1. 续写/生成代码

通义灵码提供的行级/函数级实时续写功能，支持在开发者编写代码的过程中实时查看或使用 AI 推荐或生成的代码。开发者只需单击 Tab 键即可采纳全部生成的代码。常用的快捷键如表 1-1 所示。通过单击 IDE 左下角的设置图标 ，可以选择键盘快捷方式菜单。

表 1-1　常用的接受代码建议的快捷键

功　　能	Windows 快捷键	MacOS 快捷键
唤起行间对话	Ctrl + I	Cmd + I
手动触发行间代码建议	Alt + P	Option + P
取消行间代码建议	Esc	Esc
接受行间代码建议	Tab	Tab
采纳全部生成的代码	Tab	Tab
逐行采纳生成的代码	Ctrl +↓	Cmd +　↓
关闭/打开对话面板	Ctrl+Shift+L	Cmd+Shift+L
查看上一个行间代码建议	ALT + [	Option + [
查看下一个行间代码建议	Alt +]	Option +]

以 Windows 系统下的代码续写功能为例，将鼠标放到如图 1-87（a）所示代码的第 3 行，按下快捷键 Alt + P，可以看到如图 1-87（b）所示的 AI 建议代码，按 Alt +]可以查看下一个代码建议，按 ALT + [可以查看上一个代码建议，按 Tab 键即可一键采纳 AI 生成的代码。

```
1    #include <stdio.h>
     代码解释 | 函数注释 | 行间注释 | 调优建议 | ⌵
2    int main(void)
3    {
4
5    }
```

（a）

```
1    #include <stdio.h>
     代码解释 | 函数注释 | 行间注释 | 调优建议 | ⌵
2    int main(void)
3    {
4        printf("Hello, world!\n");
         return 0;
5    }
```

（b）

图 1-87　代码续写示例

注意，图 1-87 中的 是通义灵码的标识，单击它可以展开如图 1-88 所示的下拉菜单，用于选择相应的功能。该标识前面的 代码解释 | 函数注释 | 行间注释 | 调优建议 | 是文心快码提供的功能。

图 1-88　通义灵码的下拉菜单提供的功能

2. 解释代码

选择图 1-88 所示的下拉菜单中的"解释代码"功能，可以出现如图 1-89 所示的代码解释，除了提供代码的文字解释之外，还提供了代码的控制流图，以方便开发者理解代码的执行流程。

3. 优化代码

通义灵码的代码优化功能为开发者提供了一个高效、便捷的代码优化工具，有助于提升代码质量和性能，减少潜在的错误和冗余。使用通义灵码的代码优化功能非常简单，开发者只需在 IDE 中加载需要优化的代码文件，然后通过快捷键或命令面板唤起通义灵码的代码审查功能。通义灵码将迅速分析代码，并在侧边栏的"通义灵码"窗口中显示优化建议。开发者可以单击建议条目，查看详细的优化建议，并根据需要进行实施。

仍以图 1-87 所示的代码为例，选择图 1-88 所示的下拉菜单中的"优化代码"功能，AI 给出了如图 1-90 所示的代码优化结果，主要是增加了代码的注释，提高了程序的可读性，同时还增加了对 printf ()的返回值的检查，提高了程序的健壮性。相应的文字解释这里略去。

图 1-89　代码解释示例

图 1-90　代码优化示例

4. 生成注释

选择图 1-88 所示的下拉菜单中的"生成注释"功能，AI 给出了如图 1-91 所示的包含注释的代码。

图 1-90　生成注释示例

以上只是以一个简答的示例，展示了通义灵码的 AI 辅助编码功能。需要说明的是，尽管通义灵码的能力非常强大，但它并不能完全替代人工编程。编程任务涉及的范围非常广泛，包括算法设计、数据结构选择、性能优化、安全性考虑等多个方面。在某些特定的编程任务或复杂的场景下，可能仍然需要人类程序员的专业知识和经验来进行处理和优化。

总之，无论是 AI 编程插件，还是大模型，它们都只是工具，真正赋予其创造力的依然是我们人类，合理运用我们的创造力及想象力，才能将技术的潜力转化为改变世界的力量。

第2单元

习题解答

习 题 1

（略）

习 题 2

2.1 单选题。

（1）以下 C 语言标识符不正确的是（　　　）。

　　A．AB1　　　　　　B．a2_b　　　　　　　C．int　　　　　　　　D．4ab

【参考答案】D

（2）C 语言的基本数据类型是（　　　）。

　　A．整型、实型、字符型　　　　　　　　B．整型、实型、字符型、字符串型

　　C．整型、实型、字符型、枚举类型　　　D．整型、实型、字符串型、枚举类型

【参考答案】C

2.2 已知变量 a 的值为 3，请问分别执行下面两个语句后，变量 a 的值分别为多少？

```
a += a -= a * a;
a += a -= a *= a;
```

【参考答案】在计算表达式时，不仅要考虑运算符的优先级，还要考虑运算符的结合性。在第一个表达式中，算术运算符的优先级高于复合的赋值运算符，因此先计算 a*a，而赋值运算符的结合性是右结合，因此接下来先计算-=，然后计算+=。在第二个表达式中，所有运算符的优先级都是相同的，因此按照右结合，从右往左计算。上述两个表达式的计算结果分别为-12 和 0，其计算过程如下图所示。第一步 a*a 与 a*=a 的区别在于，后者增加了将 a*a 的结果赋值给 a 的操作。

```
a += a -= a * a ;          a += a -= a *= a ;

a += a -= 9 ;              a += a -= 9 ;

a += -6 ;                  a += 0 ;

a = -12 ;                  a = 0 ;
```

    2.3 计算圆的面积和周长。分别使用 const 常量和宏常量定义 π，编程从键盘输入圆的半径 r，计算并输出其面积和周长。

    【参考答案】使用 const 常量定义 π 的参考程序：

```
1   #include <math.h>
2   #include <stdio.h>
3   int main(void){
4       double r;
5       printf("Input r:");
6       scanf("%lf", &r);
7       const double pi = 3.14159;  //定义双精度实型的 const 常量 pi
8       double area = pi * r * r;
9       double circumference = 2 * pi * r;
10      printf("area = %f\n", area);
11      printf("circumference = %f\n", circumference);
12      return 0;
13  }
```

    使用宏定义定义 π 的参考程序：

```
1   #include <math.h>
2   #include <stdio.h>
3   #define PI 3.14159 //定义宏常量 PI
4   int main(void){
5       double r;
6       scanf("%lf", &r);
7       double area = PI * r * r;
8       double circumference = 2 * PI * r;
9       printf("area = %f\n", area);
10      printf("circumference = %f\n", circumference);
11      return 0;
12  }
```

    程序运行结果如下：

```
5.2↙
area = 84.948594
circumference = 32.672536
```

    2.4 大小写转换。从键盘输入一个大写英文字母，将其转换为小写英文字母，并将转换后的小写英文字母及其十进制的 ASCII 码值显示到屏幕上。

    【参考答案】参考程序 1：

```
1   #include <stdio.h>
2   int main(void){
3       char  ch;
4       ch = getchar();            //从键盘输入一个大写英文字母，并将该字母存入变量 ch
5       ch = ch + 'a' - 'A';
6       printf("%c\n%d\n", ch, ch);//显示转换为小写的英文字母及其 ASCII 码
7       return 0;
8   }
```

    参考程序 2：

```
1   #include <stdio.h>
2   int main(void){
3       char  ch;
4       ch = getchar();            //从键盘输入一个大写英文字母，并将该字母存入变量 ch
5       ch = ch + 'a' - 'A';
6       putchar(ch);
7       putchar('\n');
8       printf("%d\n", ch, ch);    //显示转换为小写的英文字母及其 ASCII 码
9       return 0;
```

```
10   }
```

程序运行结果如下：

A✓
a
97

2.5 **逆序数**。从键盘任意输入一个 3 位整数，编程计算并输出它的逆序数（忽略整数前的正负号）。

【参考答案】通过将 3 位整数对 10 求余可以获得其最低位，通过对其 100 整除可以获得最高位，中间位的计算方法有很多，既可以用去掉最高位再对 10 整除的方式，也可以用去掉最低位再对 10 求余的方式求得。参考程序 1 如下：

```
1    #include  <math.h>
2    #include  <stdio.h>
3    int main(void){
4        int  x;
5        scanf("%d", &x);
6        x = (int)fabs(x);                    //取绝对值，即忽略正负号
7        int b2 = x / 100;                    //计算百位数字
8        int b1 = (x - b2 * 100) / 10;        //计算十位数字
9        int b0 = x % 10;                     //计算个位数字
10       int y = b2 + b1*10 + b0*100;
11       printf("y = %d\n",y);
12       return 0;
13   }
```

参考程序 2 如下：

```
1    #include  <math.h>
2    #include  <stdio.h>
3    int main(void){
4        int  x;
5        scanf("%d", &x);
6        x = (int)fabs(x);
7        int b2 = x / 100;                    //计算百位数字
8        int b1 = (x / 10) % 10;              //计算十位数字
9        int b0 = x % 10;                     //计算个位数字
10       int y = b2 + b1*10 + b0*100;
11       printf("y = %d\n",y);
12       return 0;
13   }
```

程序运行结果如下：

-123✓
y = 321

2.6 **数位拆分**。从键盘任意输入一个 4 位正整数，编程将该 4 位正整数 n（如 4321）拆分为两个 2 位的正整数 a 和 b（如 43 和 21），计算并输出拆分后的两个数 a 和 b 的加、减、乘、除和求余的结果。

【参考答案】参考程序如下：

```
1    #include <stdio.h>
2    int main(void){
3        int n;
4        scanf("%d", &n);
5        int a = n / 100;
6        int b = n % 100;
7        printf("a=%d,b=%d\n", a, b);
8        printf("a+b=%d\n", a + b);
```

```
9       printf("a-b=%d\n", a - b);
10      printf("a*b=%d\n", a * b);
11      printf("a/b=%.2f\n", (float)(a) / (float)(b));
12      printf("a%%b=%d\n", a % b);
13      return 0;
14  }
15
```

程序运行结果如下：

```
1234↙
a=12,b=34
a+b=46
a-b=-22
a*b=408
a/b=0.35
a%b=12
```

2.7 **计算三角形面积**。从键盘任意输入三角形的三边，三边长为 a、b、c，请按照如下公式，编程计算并输出三角形的面积，要求结果保留两位小数。假设三角形的三边 a、b、c 的值能构成一个三角形。

$$s=\frac{1}{2}(a+b+c)，\quad area=\sqrt{s(s-a)(s-b)(s-c)}$$

【参考答案】参考程序如下：

```
1   #include <stdio.h>
2   #include <math.h>
3   int main(void){
4       float a, b, c, s, area;
5       scanf("%f,%f,%f", &a, &b, &c);
6       if (a+b>c && b+c>a && a+c>b)
7       {
8           s = (float)(a + b + c) / 2;
9           area = sqrt(s * (s - a) * (s - b) * (s - c));
10          printf("area = %.2f\n", area);
11      }
12      else
13      {
14          printf("It is not a triangle\n");
15      }
16      return 0;
17  }
```

程序运行结果如下：

```
3,4,5↙
area = 6.00
```

2.8 **本利之和**。某人向一个年利率为 $rate$ 的定期储蓄账号内存入本金 $capital$ 元，存期为 n 年，假设以复利方式计息，存款所产生的利息存入同一个账号。请编程计算到期时能从银行得到的本利之和。

【参考答案】由于存款所产生的利息存入同一个账号，因此以复利方式计息计算到期时能从银行得到的本利之和的计算公式如下：

$$deposit = capital \times (1+rate)^{n}$$

参考程序如下：

```
1   #include <math.h>
2   #include <stdio.h>
3   int main(void){
```

```
4        int      n;
5        double rate, capital, deposit;
6        scanf("%lf,%d,%lf", &rate, &n, &capital);
7        deposit = capital * pow(1+rate, n);
8        printf("deposit = %.2f\n", deposit);
9        return 0;
10   }
```

程序运行结果如下：

```
0.0025,5,10000↙
deposit = 10125.63
```

习　题　3

3.1 单选题。

（1）C 语言中用（　　　）表示逻辑值"真"。

　　　A. 1　　　　　　B. 0　　　　　　　C. 非零值　　　　　　D. T

【参考答案】C

（2）if（x）语句中的 x 与下面条件表达式等价的是（　　　）。

　　　A. x!=0　　　　B. x == 1　　　　C. x!=1　　　　　D. x == 0

【参考答案】A

（3）以下能判断 ch 是数字字符的选项是（　　　）。

　　　A. if (ch >= '0' && ch <= '9')　　　　　B. if (ch >= 0 && ch <= 9)

　　　C. if ('0' <= ch <= '9')　　　　　　　　D. if (0 <= ch <= 9)

【参考答案】A

（4）下列说法错误的是（　　　）。

　　　A. 嵌套循环的内层和外层循环的循环控制变量不能同名

　　　B. 执行嵌套循环时先执行内层循环，后执行外层循环

　　　C. 如果内外层循环的次数是固定的，则嵌套循环的循环次数等于外层循环的循环次数
　　　　　与内层循环的循环次数之积

　　　D. 如果一个循环的循环体中又完整地包含了另一个循环，则称为嵌套循环

【参考答案】B

3.2 **一元二次方程求根**。编程计算一元二次方程 $ax^2+bx+c=0$ 的根，a、b、c 的值由用户从键盘输入。

【参考答案】根据用户输入的方程系数 a、b、c 分情况来处理。若 a 值为 0，则输出"不是二次方程"的提示信息，并终止程序的执行；否则，计算判别式 $disc = b*b-4a*c$。按以下公式分别计算 p 和 q 的值。

$$p = -\frac{b}{2a}, \qquad q = \frac{\sqrt{|b^2-4ac|}}{2a}$$

然后，分成三种情况处理。若 $disc$ 值为 0，则计算并输出两个相等的实根：$x1=x2=p$。若 $disc>0$，计算并输出两个不等实根：$x1=p+q$，$x2=p-q$。若 $disc<0$，计算并输出两个共轭复根：$x1=p+q*i$，$x2=p-q*i$。

参考程序如下：

```
1   #include  <stdlib.h>
2   #include  <math.h>
3   #include  <stdio.h>
4   #define EPS 1e-6
5   int main(void){
6       float  a, b, c;
7       scanf("%f, %f, %f", &a, &b, &c);
8       if (fabs(a) <= EPS){          //测试实数 a 是否为 0，以避免发生"除 0 错误"
9           printf("It is not a quadratic equation!\n");
10          exit(0);                  //退出程序
11      }
12      float  disc = b * b - 4 * a * c;
13      float  p = - b / (2 * a);
14      float  q = sqrt(fabs(disc)) / (2 * a);
15      if (fabs(disc) <= EPS){       //若判别式为 0，则输出两个相等实根
16          printf("Two equal real roots: x1=x2=%6.2f\n", p);
17      }
18      else if (disc > EPS){         //若判别式为正值，则输出两个不等实根
19          printf("Two unequal real roots: x1=%6.2f, x2=%6.2f\n", p+q, p-q);
20      }
21      else{                         //若判别式为负值，则输出两个共轭复根
22          printf("Two complex roots:\n");
23          printf("x1=%6.2f + %6.2fi\n", p, q);
24          printf("x2=%6.2f - %6.2fi\n", p, q);
25      }
26      return 0;
27  }
```

程序运行结果如下：

```
1,2,3↙
Two complex roots:
x1= -1.00 +   1.41i
x2= -1.00 -   1.41i
```

3.3 计算 BMI 指数。根据公式 $t = w / h^2$ 编程计算 BMI 指数。其中，h（以米为单位，如 1.74m）表示身高；w（以千克为单位，如 70 千克）表示体重，然后根据 BMI 中国标准判断体重的类型。该标准为：当 $t < 18.5$ 时，属于偏瘦；当 t 介于 18.5 和 24 之间时，属于正常体重；当 t 介于 24 和 28 之间时，属于过重；当 $t \geqslant 28$ 时，属于肥胖。

【参考答案】参考程序 1：

```
1   #include  <stdio.h>
2   int main(void){
3       float  weight, height;
4       scanf("%f,%f", &weight, & height);
5       float t = weight / (height * height);
6       if (t < 18.5){
7           printf("t=%.2f,Lower weight!\n", t);
8       }
9       if (t >= 18.5 && t < 24){
10          printf("t=%.2f,Standard weight!\n", t);
11      }
12      if (t >= 24 && t < 28){
13          printf("t=%.2f,Higher weight!\n", t);
14      }
15      if (t >= 28){
16          printf("t=%.2f,Too fat!\n", t);
```

```
17        }
18        return 0;
19    }
```

参考程序 2：

```
1    #include <stdio.h>
2    int main(void)
3    {
4        float  weight, height;
5        scanf("%f,%f", &weight, & height);
6        float t = weight / (height * height);
7        if (t < 18.5){
8            printf("t=%.2f,Lower weight!\n", t);
9        }
10       else if (t < 24){
11           printf("t=%.2f,Standard weight!\n", t);
12       }
13       else if (t < 28){
14           printf("t=%.2f,Higher weight!\n", t);
15       }
16       else{
17           printf("t=%.2f,Too fat!\n", t);
18       }
19       return 0;
20   }
```

程序运行结果如下：

```
70.4,1.68↙
t=24.94,Standard weight!
```

3.4 浮点数计算器。编程实现一个简单的对浮点数进行加（＋）、减（－）、乘（用*、x 或 X 表示乘法符号）、除（/）和幂（用^表示）运算的计算器。数据输入方法同习题 3.3。

【参考答案】参考程序：

```
1    #include <stdio.h>
2    #include <math.h>
3    int main(void){
4        double  data1, data2;              //定义两个操作符
5        char   op;                         //定义运算符
6        scanf("%lf %c%lf", &data1, &op, &data2);//输入表达式，%c 前有一空格
7        switch (op){                       //根据输入的运算符确定要执行的运算
8        case '+':
9            printf("%f + %f = %f \n", data1, data2, data1 + data2);
10           break;
11       case '-':
12           printf("%f - %f = %f \n", data1, data2, data1 - data2);
13           break;
14       case '*':
15
16           printf("%f * %f = %f \n", data1, data2, data1 * data2);
17           break;
18       case '/':
19           if (fabs(data2) <= 1e-7){              //实数与 0 比较
20               printf("Division by zero!\n");
21           }
22           else{
23               printf("%f / %f = %f \n", data1, data2, data1 / data2);
24           }
25           break;
26       case '^':
```

```
27          printf("%f ^ %f = %f \n", data1, data2, pow(data1,data2));
28          break;
29      default:
30          printf("Invalid operator!\n");
31      }
32      return 0;
33  }
```

程序运行结果 1 如下：

```
3 + 4✓
3.000000 + 4.000000 = 7.000000
```

程序运行结果 2 如下：

```
3 - 4✓
3.000000 - 4.000000 = -1.000000
```

程序运行结果 3 如下：

```
3 * 4✓
3.000000 * 4.000000 = 12
```

程序运行结果 4 如下：

```
3 / 4✓
3.000000 / 4.000000 = 0.750000
```

程序运行结果 5 如下：

```
3 ^ 4✓
3.000000 ^ 4.000000 = 81.000000
```

程序运行结果 6 如下：

```
3 / 0✓
Division by zero!
```

3.5 **成绩转换**。从键盘任意输入一个百分制成绩，编程计算并输出其对应的五分制成绩，并设计需要测试的用例。

【参考答案】用整型变量 score 存储百分制成绩，用字符型变量 grade 存储 score 对应的五分制成绩。于是，从百分制成绩向五分制成绩转换的问题，可以抽象为以下的数学公式：

$$
grade = \begin{cases}
A & 90 \leqslant score \leqslant 100 \\
B & 80 \leqslant score < 90 \\
C & 70 \leqslant score < 80 \\
D & 60 \leqslant score < 70 \\
E & 0 \leqslant score < 60
\end{cases}
$$

根据这一数学公式，可以用如下 4 种方法编写程序。

方法 1：用 if 形式的条件语句编写程序。

```
1   #include<stdio.h>
2   int main(void)
3   {
4       int score;
5       char grade;
6       scanf("%d", &score);
7       if (score >= 90 && score <= 100){
8           grade = 'A';
9       }
10      if (score >= 80 && score < 90){
11          grade = 'B';
12      }
13      if (score >= 70 && score < 80){
14          grade = 'C';
```

```
15          }
16          if (score >= 60 && score < 70){
17              grade = 'D';
18          }
19          if (score >= 0 && score < 60){
20              grade = 'E';
21          }
22          if (score < 0 || score > 100){
23              printf("Input error!\n");
24          }
25          else{
26              printf("grade:%c\n", grade);
27          }
28          return 0;
29      }
```

方法 2：用 if-else 形式的条件语句编写程序。

```
1      #include<stdio.h>
2      int main(void){
3          int score;
4          char grade;
5          scanf("%d", &score);
6          if (score < 0 || score > 100){
7              printf("Input error!\n");
8          }
9          else{
10             if (score >= 90){
11                 grade = 'A';
12             }
13             else if (score >= 80){
14                 grade = 'B';
15             }
16             else if (score >= 70){
17                 grade = 'C';
18             }
19             else if (score >= 60){
20                 grade = 'D';
21             }
22             else{
23                 grade = 'E';
24             }
25             printf("grade:%c\n", grade);
26         }
27         return 0;
28     }
```

方法 3：用 else-if 级联形式的条件语句编写程序。

```
1      #include <stdio.h>
2      int main(void){
3          int score;
4          scanf("%d", &score);
5          if (score<0 || score>100){
6              printf("Input error!\n");
7          }
8          else if (score >= 90){
9              printf("%d--A\n", score);
10         }
11         else if (score >= 80){
12             printf("%d--B\n", score);
13         }
```

```
14      else if (score >= 70){
15          printf("%d--C\n", score);
16      }
17      else if (score >= 60){
18          printf("%d--D\n", score);
19      }
20      else{
21          printf("%d--E\n", score);
22      }
23      return 0;
24  }
```

方法 4：用 switch 语句编写程序。

```
1   #include <stdio.h>
2   int main(void){
3       int score;
4       scanf("%d", &score);
5       int mark = score<0 || score>100 ? -1 : score / 10;
6       switch (mark){
7       case 10:
8       case 9:
9           printf("%d--A\n", score);
10          break;
11      case 8:
12          printf("%d--B\n", score);
13          break;
14      case 7:
15          printf("%d--C\n", score);
16          break;
17      case 6:
18          printf("%d--D\n", score);
19          break;
20      case 5:
21      case 4:
22      case 3:
23      case 2:
24      case 1:
25      case 0:
26          printf("%d--E\n", score);
27          break;
28      default:
29          printf("Input error!\n");
30      }
31      return 0;
32  }
```

设计 15 个测试用例，其测试结果如表 2-1 所示。

表 2-1　测试用例

测试用例编号	输入数据	预期输出结果	实际输出结果	测试结果
1	0	grade:E	grade:E	通过
2	15	grade:E	grade:E	通过
3	25	grade:E	grade:E	通过
4	35	grade:E	grade:E	通过
5	45	grade:E	grade:E	通过
6	55	grade:E	grade:E	通过

续表

测试用例编号	输入数据	预期输出结果	实际输出结果	测试结果
7	65	grade:D	grade:D	通过
8	75	grade:C	grade:C	通过
9	85	grade:B	grade:B	通过
10	95	grade:A	grade:A	通过
11	100	grade:A	grade:A	通过
12	120	Input error!	Input error!	通过
13	−10	Input error!	Input error!	通过
14	105	Input error!	Input error!	通过
15	−5	Input error!	Input error!	通过

3.6 数字九九乘法表。输出如下所示的下三角形式的九九乘法表。

```
1
2   4
3   6   9
4   8   12  16
5   10  15  20  25
6   12  18  24  30  36
7   14  21  28  35  42  49
8   16  24  32  40  48  56  64
9   18  27  36  45  54  63  72  81
```

【参考答案】参考程序如下：

```
1    #include <stdio.h>
2    int main(void){
3        for (int m=1; m<10; m++){        //外层循环控制行数（被乘数）的变化
4            for (int n=1; n<=m; n++){    //内层循环控制列数（乘数）的变化
5                printf("%4d", m*n);      //输出第 m 行 n 列中的 m*n 的值
6            }
7            printf("\n");                //输出换行符，准备打印下一行
8        }
9        return 0;
10   }
```

程序运行结果如下：

```
1
2   4
3   6   9
4   8   12  16
5   10  15  20  25
6   12  18  24  30  36
7   14  21  28  35  42  49
8   16  24  32  40  48  56  64
9   18  27  36  45  54  63  72  81
```

3.7 输入数据求和。从键盘读入一些非负整数并将其累加求和。当程序读入负数时，结束键盘输入，输出累加求和的结果及累加的项数。

【参考答案】这是一个循环次数未知的累加求和问题，问题要求的循环结束条件是输入了一个负数，相当于用一个与正常数据有明显区别的特殊标记值来测试循环是否结束。

方法 1：用当型循环 while 语句编写程序。

```
1    #include <stdio.h>
2    int main(void){
3        int n, sum = 0, i = 0;              //sum 和 i 均初始化为 0
4        printf("Input n:");
5        scanf("%d", &n);                    //循环之前先输入一个 n 的值
6        while (n >= 0){                     //测试 n 的值，若 n 是小于 0 的标记值，则结束输入
7            sum = sum + n;                  //先测试 n 的值，满足要求后执行累加运算
8            i++;
9            printf("Input n:");
10           scanf("%d", &n);
11       }
12       printf("sum=%d, count=%d\n", sum, i);
13       return 0;
14   }
```

方法 2：用直到型循环 do-while 语句编写程序。

```
1    #include <stdio.h>
2    int main(void){
3        int n = 0, sum = 0, i = 0;  //将 n、sum 和 i 均初始化为 0
4        do{
5            sum = sum + n;          //第一次循环 n 加 0，保证此后再加的都是经过测试合格的 n 值
6            printf("Input n:");
7            scanf("%d", &n);
8            i++;
9        }while (n >= 0);            //测试 n 值，若 n 是小于 0 的标记值，则结束输入
10       printf("sum=%d, count=%d\n", sum, i);
11       return 0;
12   }
```

程序的运行结果如下：

```
Input n:1↙
Input n:2↙
Input n:3↙
Input n:4↙
Input n:-1↙
sum=10, count=4
```

3.8 阶乘求和。利用单独计算累加通项的方法，编程计算 $1! + 2! + 3! + \cdots + n!$。

【参考答案】这是一个循环次数已知的累加求和问题。可以用数学归纳法，将连续的 n 个自然数的阶乘值进行累加求和的问题抽象为如下的递推公式：

$$\sum_{k=1}^{i} k! = \sum_{k=1}^{i-1} k! + i!$$

其中，

$$i! = \prod_{k=1}^{i-1} k * i$$

方法 1：根据上述递推公式，利用前项来计算后项的方法计算累加通项，然后用计数控制的单重循环实现。

```
1    #include <stdio.h>
2    int main(void){
3        int  n;
4        long sum = 0;              //累加求和变量初始化为 0
5        long p = 1;                //累乘求积变量初始化为 1
6        scanf("%d", &n);
7        for (int i=1; i<=n; i++){
```

```
8        p = p * i;                    //计算累加项（即通项）
9        sum = sum + p;                //将累乘后 p 的值即 i!进行累加求和
10       }
11       printf("sum=%ld\n", n, p);    //以长整型格式输出 n 的阶乘值
12       return 0;
13   }
```

方法 2：可以单独计算累加通项，然后用计数控制的双重循环实现。

```
1    #include <stdio.h>
2    int main(void){
3        int   n;
4        long  sum = 0;                //累加求和变量初始化为 0
5        long  p = 1;
6        scanf("%d", &n);
7        for (int i=1; i<=n; i++){     //外层循环
8            p = 1;                    //每次循环之前都要将累乘求积变量 p 重新初始化为 1
9            for (int j=1; j<=i; j++){ //内层循环
10               p = p * j;            //累乘求积
11           }
12           sum = sum + p;            //将累乘后 p 的值即 i!进行累加求和
13       }
14       printf("sum=%ld\n", sum);     //以长整型格式输出 n 的阶乘值
15       return 0;
16   }
```

程序的运行结果如下：

```
10↙
sum=4037913
```

3.9 祖冲之与圆周率。祖冲之一生钻研自然科学，他提出的"祖率"对数学研究具有重大贡献，他在刘徽开创的探索圆周率的精确方法基础上，首次将圆周率精算到小数点后第七位，即在 3.1415926 和 3.1415927 之间。直到 16 世纪，阿拉伯数学家阿尔·卡西才打破了这一纪录。请利用公式 $\frac{\pi}{4} = 1 - \frac{1}{3} + \frac{1}{5} - \frac{1}{7} + \cdots$ 计算 π 的值，要求最后一项的绝对值小于 10^{-8}，并统计总共累加了多少项。

【参考答案】这是一个循环次数未知的累加求和问题，需要使用条件控制的循环来实现，控制循环结束的条件是累加的最后一项的绝对值小于 10^{-8}，即循环继续的条件是累加的最后一项的绝对值大于等于 10^{-8}。由于累加通项是由分子和分母两部分组成的，因此累加通项的构成规律为

```
term = sign / n
```

因为相邻累加项的符号是正负交替变化的，所以可令分子 sign 按+1，-1，+1，-1…交替变化，将 sign 初始化为 1，即可在循环中利用 sign=-sign 实现。分母 n 按 1，3，5，7…即每次递增 2 变化，可通过 n=n+2 来实现，n 需初始化为 1。此外，还要设置一个计数器变量 count 来统计累加的项数，count 需初始化为 0，在循环体中每累加一项，count 的值就加 1。

方法 1：用当型循环 while 语句编写的程序如下。

```
1    #include  <math.h>
2    #include  <stdio.h>
3    #define EPS 1e-5
4    int main(void){
5        double  sum = 0, term = 1, sign = 1;    //term 也需初始化
6        int     count = 0, n = 1;
7        while (fabs(term) >= EPS){               //以 term 的绝对值小于 EPS 作为循环终止条件
8            term = sign / n;                     //用分子 sign 除以分母 n 计算累加项
9            sum = sum + term;                    //累加求和
10           count++;                             //用计数器变量 count 记录累加的项数
```

```
11          sign = -sign;                         //改变分子
12          n = n + 2;                            //改变分母
13      }
14      printf("pi=%.8f\ncount=%d\n", sum*4, count);
15      return 0;
16  }
```

方法 2：用当型循环 while 语句编写的程序如下。

```
1   #include  <math.h>
2   #include  <stdio.h>
3   #define EPS 1e-8
4   int main(void){
5       double   sum = 0, term = 1, sign = 1;     //term 可以不初始化
6       int      count = 0, n = 1;
7       do{
8           term = sign / n;                      //用分子 sign 除以分母 n 计算累加项
9           sum = sum + term;                     //累加求和
10          count++;                              //用计数器变量 count 记录累加的项数
11          sign = -sign;                         //改变分子
12          n = n + 2;                            //改变分母
13      }while (fabs(term) >= EPS);               //以 term 的绝对值小于 EPS 作为循环终止条件
14      printf("pi=%.8f\ncount=%d\n", sum*4, count);
15      return 0;
16  }
```

程序的运行结果如下：

```
pi=3.14159267
count=50000001
```

泰勒级数计算

3.10 泰勒级数计算。利用泰勒级数 $\sin x \approx x - \dfrac{x^3}{3!} + \dfrac{x^5}{5!} - \dfrac{x^7}{7!} + \dfrac{x^9}{9!} - \cdots$ 计算 $\sin x$ 的值。要求最后一项的绝对值小于 10^{-5}，并统计出此时累加了多少项。

【参考答案】由键盘输入弧度值 x，采用累加求和算法，sum=sum+term，令 sum 初值为 x，利用前项求后项的方法计算累加项 term= -term*x*x/((n+1)*(n+2))，令 term 初值为 x，n 初值为 1，每次循环后，n 递增 2，即 n=n+2。

参考程序如下。

```
1   #include  <math.h>
2   #include  <stdio.h>
3   int main(void){
4       double x;
5       scanf("%lf", &x);
6       double sum = x;
7       double term = x;                          //累加项赋初值
8       int n = 1, count = 1;
9       do{
10          term = -term * x * x / ((n + 1) * (n + 2));  //计算累加项
11          sum = sum + term;                     //累加
12          n = n + 2;
13          count++;
14      }while (fabs(term) >= 1e-5);
15      printf("sin(x) = %f, count = %d\n", sum, count);
16      return 0;
17  }
```

程序运行结果如下：

```
3✓
sin(x) = 0.141120, count = 9
```

习 题 4

4.1 单选题。

（1）下列说法中错误的是（　　）。

A. 函数中的 return 语句可以有多个，但多个 return 语句并不表示可以用 return 语句从函数返回多个值，用 return 只能从函数返回一个值

B. 只有当实参与其对应的形参同名时，才共占同一个存储单元，此时形参值的变化会影响到实参的值

C. 形参也是局部变量，只能在定义它的函数体内访问

D. 实参与其对应的形参各占独立的存储单元，函数调用时的参数传递就是把实参的值复制一份给形参，即由实参向形参进行单向传值，因此形参值的变化不影响实参的值

【参考答案】B

（2）下列说法错误的是（　　）。

A. 当函数原型与函数定义中的形参类型不一致时，编译器一般都会指出参数类型不匹配的编译错误。因此，给出函数原型有助于编译器对函数参数进行类型匹配检查

B. 函数原型就是一条函数声明语句，不包括函数体

C. 无论何种情况，只要把用户自定义的所有函数都放在 main 函数的前面，就可以不用写函数原型了

D. 函数调用时，要求实参与形参的数量相等且类型匹配，匹配的原则与变量赋值的原则一致。当函数调用时的实参与函数定义中的形参的类型不匹配时，某些编译器会发出警告，提示有可能出现数据信息丢失

【参考答案】C

（3）在下列哪些情况下不适合使用断言？（　　）

A. 检查程序中的各种假设的正确性

B. 证实或测试某种不可能发生的状况确实不会发生

C. 捕捉不应该或不可能发生的非法情况

D. 捕捉程序中有可能出现的错误

【参考答案】D

4.2 判断对错题。

（1）作用域较大的局部变量将隐藏作用域较小的局部变量。　　　　　　　　（　　）

（2）出现在不同的作用域内的同名变量，也会相互干扰。　　　　　　　　　（　　）

（3）静态变量的生存期是整个程序的运行期，在程序编译时会自动将其初始化为0。（　　）

（4）静态全局变量只能在定义它的文件内被访问，其他文件不能访问它。　　（　　）

（5）函数可以嵌套调用，不可以嵌套定义。　　　　　　　　　　　　　　　（　　）

【参考答案】（1）错误（2）错误（3）正确（4）正确（5）正确

4.3 **数字位数统计**。从键盘输入一个 int 型数据，请用函数编程输出该整数共有几位数字。

【参考答案】参考程序如下。

```c
1   #include <stdio.h>
2   int GetBits(int n);
3   int main(void){
4       int n;
5       scanf("%d", &n);
6       int bits = GetBits(n);
7       printf("%d bits\n", bits);
8       return 0;
9   }
10  //函数功能：返回整数 n 的位数
11  int GetBits(int n){
12      int bits = 1;
13      int b = n / 10;
14      while (b != 0){      //通过"不断压缩十分之一直到为 0 为止"判断有几位数字
15          bits++;         //计数器计数
16          b = b / 10;     //对 b 压缩十分之一
17      }
18      return bits;
19  }
```

程序运行结果如下：

```
12345↙
5 bits
```

4.4 最小公倍数。用函数编程实现计算两个正整数的最小公倍数的函数，在 main 函数中调用该函数，计算并输出从键盘任意输入的两整数的最小公倍数。

【参考答案】最小公倍数需要从正整数 a 和 b 的公倍数中来寻找，并且从最小公倍数开始找。首先，从 a 的倍数中寻找 b 的倍数（或者从 b 的倍数中寻找 a 的倍数），因为 $b×a$ 一定是 a 和 b 的公倍数，所以寻找 a 和 b 最小公倍数的范围不会超过 $b×a$。然后，在所有的 a 的倍数 a，$2×a$，$3×a$，$\cdots$，$b×a$ 中，从小到大依次判断该数是否是 b 的倍数，a 的倍数中第一个能被 b 整除的数必然是 a 和 b 的最小公倍数。

参考程序如下。

```c
1   #include <stdio.h>
2   int Lcm(int a, int b);
3   int main(void){
4       int a, b;
5       scanf("%d,%d", &a, &b);
6       int x = Lcm(a, b);
7       if (x != -1){
8           printf("Least Common Multiple of %d and %d is %d\n", a, b, x);
9       }
10      else{
11          printf("Input error!\n");
12      }
13      return 0;
14  }
15  //函数功能：计算 a 和 b 的最小公倍数，输入负数时返回-1
16  int Lcm(int a, int b){
17      if (a <= 0 || b <= 0){
18          return -1;
19      }
20      for (int i=1; i<b; i++){
21          if (i*a%b == 0){
22              return i * a;
23          }
```

```
24          }
25          return b * a;
26      }
```

程序运行结果如下：

24,16✓
Least Common Multiple of 24 and 16 is 48

4.5 **阶乘求和**。先输入一个[1,10]范围内的整数 n，然后用函数编程计算并输出 $1! + 2! + 3! + \cdots + n!$。要求程序具有防止非法字符输入和错误输入的能力，即如果用户输入了非法字符或不在[1,10]范围内的数，则提示用户重新输入数据。

【参考答案】参考程序如下。

```
1   #include <stdio.h>
2   long Fact(int n);
3   long FactSum(int n);
4   int main(void){
5       int  n, ret;
6       do{
7           printf("Input n:");
8           ret = scanf("%d", &n);
9           if (ret != 1) while (getchar() != '\n');
10      }while(ret!=1 || n<1 || n>10);
11      long sum = FactSum(n);
12      printf("%ld\n", sum);
13      return 0;
14  }
15  //函数功能: 计算 n 的阶乘
16  long Fact(int n){
17      long p = 1;
18      for (int i=1; i<=n; i++){
19          p = p * i;
20      }
21      return p;
22  }
23  //函数功能: 计算 1!+2!+...+n!
24  long FactSum(int n){
25      long sum = 0;
26      for (int i=1; i<=n; i++){
27          sum = sum + Fact(i);
28      }
29      return sum;
30  }
```

程序运行结果如下：

Input n:Q✓
Input n:-1✓
Input n:9✓
409113

4.6 **验证角谷猜想**。对于任意一个自然数 n，若 n 为偶数，则将其除以 2；若 n 为奇数，则将其乘以 3，然后加 1。将所得运算结果再按照以上规则进行计算，如此经过有限次运算后，总可以得到自然数 1。例如，输入自然数 8，是偶数，则进行以下计算：8/2=4，4/2=2，2/2=1。如果输入自然数 5，是奇数，则进行以下计算：5*3+1=16，16/2=8，8/2=4，4/2=2，2/2=1。要求从键盘输入自然数 n（$0<n\leqslant100$），请编程验证角谷猜想，列出运算过程中的每一步，要求能对输入数据进行合法性检查，直到用户输入符合要求为止。

【参考答案】参考程序如下。

```
1    #include<stdio.h>
2    void KakutaniTest(int n);
3    int main(void){
4        int n;
5        do{
6            printf("Input n:");
7            scanf("%d", &n);
8        }while (!(n >= 1 && n <= 100));
9        KakutaniTest(n);
10       return 0;
11   }
12   void KakutaniTest(int n){
13       int count = 0;
14       while (n != 1){
15           count++;
16           if (n % 2 == 1){
17               printf("Step%d:%d*3+1=%d\n", count, n, n * 3 + 1);
18               n = n * 3 + 1;
19           }
20           else{
21               printf("Step%d:%d/2=%d\n", count, n, n / 2);
22               n /= 2;
23           }
24       }
25   }
```

程序运行结果 1 如下：

```
Input n:10✓
Step1:10/2=5
Step2:5*3+1=16
Step3:16/2=8
Step4:8/2=4
Step5:4/2=2
Step6:2/2=1
```

程序运行结果 2 如下：

```
Input n:13✓
Step1:13*3+1=40
Step2:40/2=20
Step3:20/2=10
Step4:10/2=5
Step5:5*3+1=16
Step6:16/2=8
Step7:8/2=4
Step8:4/2=2
Step9:2/2=1
```

4.7 **完全数判断**。完全数也称完美数或完数，它是指这样的一些特殊的自然数。它所有的真因子（即除了自身以外的约数）的和，恰好等于它本身，即 m 的所有小于 m 的不同因子（包括 1）加起来恰好等于 m 本身。注意：1 没有真因子，所以 1 不是完全数。例如，因为 $6 = 1 + 2 + 3$，所以 6 是一个完全数。请编写一个程序，判断一个整数 m 是否是完全数。

【参考答案】参考程序 1 如下。

```
1    #include <stdio.h>
2    int IsPerfect(int x);
3    int main(void){
4        int m;
5        scanf("%d", &m);
6        if (IsPerfect(m)){        //若 m 是完全数
```

```
7        printf("Yes!\n");
8      }
9      else{                           //若 m 不是完全数
10        printf("No!\n");
11      }
12      return 0;
13    }
14    //函数功能：判断完全数，若函数返回 0，则代表不是完全数；若返回 1，则代表是完全数
15    int IsPerfect(int x){
16      int sum = 0;  //x 为 1 时，sum=0，函数将返回 0，表示 1 没有真因子，不是完全数
17      for (int i=1; i<=x/2; i++){
18        if (x % i == 0){
19          sum = sum + i;
20        }
21      }
22      return sum==x ? 1 : 0;
23    }
```

参考程序 2 如下。

```
1    #include <stdio.h>
2    int IsPerfect(int x);
3    int main(void){
4      int m;
5      scanf("%d", &m);
6      if (IsPerfect(m)) {             //若 m 是完全数
7        printf("Yes!\n");
8      }
9      else{                           //若 m 不是完全数
10        printf("No!\n");
11      }
12      return 0;
13    }
14    //函数功能：判断完全数，若函数返回 0，则代表不是完全数；若返回 1，则代表是完全数
15    int IsPerfect(int x){
16      int sum = 1;
17      for (int i=2; i*i<=x; i++){
18        if (x % i == 0){
19          sum = sum + i;
20          if (i * i != x){
21            sum += x / i;
22          }
23        }
24      }
25      return sum==x && x!=1 ? 1 : 0;  //1 不是完全数
26    }
```

参考程序 3 如下。

```
1    #include <stdio.h>
2    #include <math.h>
3    int IsPerfect(int x);
4    int main(void){
5      int m;
6      scanf("%d", &m);
7      if (IsPerfect(m)){             //若 m 是完全数
8        printf("Yes!\n");
9      }
10      else{                          //若 m 不是完全数
11        printf("No!\n");
12      }
```

```
13        return 0;
14    }
15    //函数功能：判断完全数，若函数返回 0，则代表不是完全数；若返回 1，则代表是完全数
16    int IsPerfect(int x){
17        int sum = 1;
18        int k = (int)sqrt(x);
19        for (int i=2; i<=k; i++){
20            if (x % i == 0){
21                sum += i;
22                if (i*i != x){
23                    sum += x/i;
24                }
25            }
26        }
27        return sum==x && x!=1 ? 1 : 0;  //1 不是完全数
28    }
```

程序运行结果 1 如下：

6✓
Yes!

程序运行结果 2 如下：

20✓
No!

4.8 **完全数统计**。请编写一个程序，输出 n 以内所有的完全数。n 是[1,1000000]区间内的数，由用户从键盘输入。如果用户输入的数不在此区间，则输出"Input error!\n"。

【参考答案】参考程序 1 如下。

```
1     #include <stdio.h>
2     #include <stdlib.h>
3     int IsPerfect(int x);
4     int main(void){
5         int n;
6         int ret = scanf("%d", &n);
7         if (ret!=1 || n<1 || n>1000000){
8             printf("Input error!\n");
9             exit(0);
10        }
11        for (int i=1; i<n; i++){
12            if (IsPerfect(i)){
13                printf("%d\n", i);
14            }
15        }
16        return 0;
17    }
18    //函数功能：判断完全数，若函数返回 0，则代表不是完全数；若返回 1，则代表是完全数
19    int IsPerfect(int x){
20        int sum = 0;
21        for (int i=1; i<=x/2; i++){
22            if (x%i == 0){
23                sum = sum + i;
24            }
25        }
26        return sum==x ? 1 : 0;
27    }
```

参考程序 2 如下。

```
1     #include <stdio.h>
2     #include <stdlib.h>
```

```
3    int IsPerfect(int x);
4    int main(void){
5        int n;
6        int ret = scanf("%d", &n);
7        if (ret!=1 || n<1 || n>1000000){
8            printf("Input error!\n");
9            exit(0);
10       }
11       for (int i=1; i<n; i++){
12           if (IsPerfect(i)){
13               printf("%d\n", i);
14           }
15       }
16       return 0;
17   }
18   //函数功能：判断完全数，若函数返回 0，则代表不是完全数；若返回 1，则代表是完全数
19   int IsPerfect(int x){
20       int sum = 1;
21       for (int i=2; i*i<=x; i++){
22           if (x % i == 0){
23               sum = sum + i;
24               if (i * i != x){
25                   sum += x / i;
26               }
27           }
28       }
29       return sum==x && x!=1 ? 1 : 0;  //1 不是完全数
30   }
```

参考程序 3 如下。

```
1    #include <stdio.h>
2    #include <stdlib.h>
3    #include <math.h>
4    int IsPerfect(int x);
5    int main(void){
6        int n;
7        int ret = scanf("%d", &n);
8        if (ret!=1 || n<1 || n>1000000){
9            printf("Input error!\n");
10           exit(0);
11       }
12       for (int i=1; i<n; i++){
13           if (IsPerfect(i)){
14               printf("%d\n", i);
15           }
16       }
17       return 0;
18   }
19   //函数功能：判断完全数，若函数返回 0，则代表不是完全数；若返回 1，则代表是完全数
20   int IsPerfect(int x){
21       int sum = 1;
22       int k = (int)sqrt(x);
23       for (int i=2; i<=k; i++){
24           if (x % i == 0){
25               sum += i;
26               if (i*i != x){
27                   sum += x/i;
28               }
29           }
```

```
30          }
31          return sum==x && x!=1 ? 1 : 0;   //1 不是完全数
32      }
```

程序运行结果如下：

```
10000✓
6
28
496
8128
```

4.9 统计特殊的星期天。 已知 1900 年 1 月 1 日是星期一，请编写一个程序，计算在 1901 年 1 月 1 日至某年 12 月 31 日期间共有多少个星期天落在每月的第一天上。要求先输入年份 y，如果输入非法字符，或者输入的年份小于 1901，则提示重新输入。然后输出在 1901 年 1 月 1 日至 y 年 12 月 31 日期间星期天落在每月的第一天的天数。

【参考答案】虽然每隔 7 天就会出现一个星期天，但是这个星期天是否落在每月第一天，需要统计从 1990 年 1 月 1 日（星期一）到某年某月第一天的累计天数，该天数对 7 求余为 1 就说明它是星期一，对 7 求余为 2 就说明是星期二，依此类推，对 7 求余为 0 就说明它是星期天，于是就将计数器加 1，最后返回计数器统计的结果即为所求。

参考程序如下。

```
1   #include <stdio.h>
2   int CountSundays(int y);
3   int IsLeapYear(int y);
4   int main(void){
5       int y, n;
6       do{
7           printf("Input year:");
8           n = scanf("%d", &y);
9           if (n != 1) while (getchar() != '\n');
10      } while (n!=1 || y < 1901);
11      printf("%d\n", CountSundays(y));
12      return 0;
13  }
14  //函数功能：计算并返回 1901 年 1 月 1 日至 y 年 12 月 31 日期间星期天落在每月第一天的天数
15  int CountSundays(int y){
16      int days = 365, times = 0;
17      for (int year=1901; year<=y; ++year){
18          for (int i=1; i<=12; i++){
19              if ((days+1)%7 == 0){
20                  times++;
21              }
22              if (i == 2){
23                  if (IsLeapYear(year)){
24                      days = days + 29;
25                  }
26                  else{
27                      days = days + 28;
28                  }
29              }
30              else if (i==1||i==3||i==5||i==7||i==8||i==10||i==12){
31                  days = days + 31;
32              }
33              else{
34                  days = days + 30;
35              }
36          }
```

```
37          }
38          return times;
39      }
40      //函数功能：判断 y 是否是闰年，若是，则返回 1，否则返回 0
41      int IsLeapYear(int y)
42      {
43          return ((y%4==0&&y%100!=0) || (y%400==0)) ? 1 : 0;
44      }
```

程序运行结果 1 如下：

```
Input year:1901↙
2
```

程序运行结果 2 如下：

```
Input year:1999↙
170
```

程序运行结果 3 如下：

```
Input year:2000↙
171
```

程序运行结果 4 如下：

```
Input year:1984↙
144
```

程序运行结果 5 如下：

```
Input year:2100↙
343
```

程序运行结果 6 如下：

```
Input year:a↙
Input year:1900↙
Input year:1902↙
3
```

4.10 编程计算 $a + aa + aaa + \cdots + aa\cdots a$（$n$ 个 a），下面程序存在 bug，请利用程序调试方法分析程序错在哪里。

```
1   #include <stdio.h>
2   #include <math.h>
3   long SumofNa(int a, int n);
4   int main(void){
5       int a, n;
6       scanf("%d,%d", &a, &n);
7       printf("sum=%ld\n", SumofNa(a, n));
8       return 0;
9   }
10  //函数功能：计算并返回 a + aa + aaa + … + aa…a 的结果
11  long SumofNa(int a, int n){
12      long sum = 0;
13      for (int i=1; i<=n; i++){
14          sum = sum + a * (pow(10, i) - 1) / 9;
15      }
16      return sum;
17  }
```

【参考答案】

在 Code::Blocks 下执行该程序的测试结果如表 2-2 所示。

表 2-2　Code::Blocks 下的测试结果

测试用例编号	输入数据	预期输出结果	实际输出结果	测试结果
1	2,10	sum=2469135800	sum=−2147483648	未通过
2	2,8	sum=24691352	sum=24691356	未通过
3	2,4	sum=2468	sum=2466	未通过
4	2,2	sum=24	sum=23	未通过
5	2,1	sum=2	sum=2	通过

从表 2-2 中的测试用例可见，导致测试失败的最小输入是 2 和 2。根据逆向推理，当输入 2 和 2 时，实际上是计算 2+22 即 24，但实际输出的结果是 23，通过单步跟踪进入函数 SumofNa() 内部执行发现，实际加的第二个累加项不是 22，而是 21，于是 bug 锁定在第 17 行的语句。

分析第 17 行的累加通项，实际上就是每次循环往 sum 中加上"连写 i 个 a"，可以将其转换为 a 与"连写 i 个 1"相乘，而"连写 i 个 1"可以转换为"连写 i 个 9"与 9 相除，最后"连写 i 个 9"可以表示为 10 的 i 次幂减 1，即(pow(10, i) − 1)，因此得到的累加通项为：

```
a * (pow(10, i) - 1) / 9
```

从原理上，看第 17 行语句是没有问题的，但是为什么会出现精度损失的问题呢？为了验证这个猜测，除了可以在 IDE 下利用单步运行的方式调试程序外，还可以采用插入打印语句的方式，来观察每次循环计算的累加通项的值，即在循环体内的第 17 行语句后添加如下两条打印语句，分别以两种不同的格式输出计算的累加项的值。

```
printf("%ld\n", (long)(a * (pow(10, i) - 1) / 9));
printf("%f\n", a * (pow(10, i) - 1) / 9);
```

此时，用第 4 个测试用例测试程序，得到如下结果：

```
2,2✓
2
2.000000
21
22.000000
sum=23
```

这个测试结果显示，将累加通项的计算结果强制转换为 long 型时会出现精度损失，其主要原因是 pow() 函数的参数和返回值都是 double 型，而浮点型并非实数的精确表示，强制转换为 long 型有可能因为舍去小数部分而导致强制转换后的值比实际值少 1。

第一个测试用例会出现计算结果为负数，是因为当正整数的求和结果是一个很大的负数时，通常都是整数溢出导致的。本例中，当输入的 n 值为 10 时，累加通项的计算结果值会超出 long 型能表示的正数的最大值，因此就会出现上溢出的问题，符号位 0 被进位覆盖，使其变为 1，于是输出结果就显示为一个负数。

为了解决上述整数溢出和精度损失的问题，需要改成用表数范围更大、表数精度更高的 double 型来计算，最后显示输出结果时可以不显示其小数位。程序修改如下：

```
1    #include <stdio.h>
2    #include <math.h>
3    double SumofNa(int a, int n);
4    //主函数
5    int main(void){
6        int a, n;
7        scanf("%d,%d", &a, &n);
8        printf("sum=%.f\n", SumofNa(a, n));
9        return 0;
```

```
10      }
11   //函数功能：计算并返回 a + aa + aaa + ... + aa...a 的结果
12   double SumofNa(int a, int n){
13      double sum = 0;
14      for (int i=1; i<=n; i++){
15          sum = sum + a * (pow(10, i) - 1) / 9;
16      }
17      return sum;
18   }
```

事实上，更好的方法是采用利用前项计算后项的方式来计算累加项，比直接计算累加通项的方法效率高，也不容易出错。用这种方法实现的程序如下：

```
1    #include <stdio.h>
2    #include <math.h>
3    double SumofNa(int a, int n);
4    //主函数
5    int main(void){
6       int a, n;
7       scanf("%d,%d", &a, &n);
8       printf("sum=%.f\n", SumofNa(a, n));
9       return 0;
10   }
11   //函数功能：计算并返回 a + aa + aaa + ... + aa...a 的结果
12   double SumofNa(int a, int n){
13      double sum = 0;
14      double term = 0;
15      for (int i=1; i<=n; i++){
16          term = term * 10 + a;  //采用利用前项计算后项的方法计算累加项
17          sum = sum + term;
18      }
19      return sum;
20   }
```

其中，第 19 行语句采用利用前项计算后项的方法计算累加项，假设前项是"连写 i-1 个 a"，则后项就是"连写 i 个 a"，只要将前项向前移一位并在最低位补 0（即乘以 10），再在最低位的 0 上加上 a，即可求出后项。

习　题　5

5.1 判断对错题。

（1）递归算法中只要包含基本条件，就不会成为无穷递归。　　　　　　　　　　（　　）

（2）函数直接调用自己或间接调用自己，都称为递归调用。　　　　　　　　　　（　　）

（3）一个递归算法必须包含一般条件和基本条件两个基本要素。　　　　　　　　（　　）

（4）递归程序的时空效率偏低，还可能产生大量的重复计算。因此，应尽量用迭代替代递归来编写程序。　　　　　　　　　　　　　　　　　　　　　　　　　　　　　　　（　　）

【参考答案】（1）错误（2）正确（3）正确（4）正确

5.2 爱因斯坦的趣味数学题。有一条长阶梯，若每步跨 2 阶，最后剩下 1 阶；若每步跨 3 阶，最后剩下 2 阶；若每步跨 5 阶，最后剩下 4 阶；若每步跨 6 阶，则最后剩下 5 阶；只有每步跨 7 阶，最后才正好 1 阶不剩。

【参考答案】设阶梯数为 x，按题意阶梯数应满足关系式：x%2 == 1 && x%3 == 2 && x%5 == 4 && x%6 == 5 && x%7 == 0，采用穷举法对 x 从 1 开始试验，可计算出阶梯共有多少阶。

参考程序 1 如下。

```c
1    #include <stdio.h>
2    int main(void){
3        int  x = 1, find = 0;
4        while (!find){
5            if (x%2==1 && x%3==2 && x%5==4 && x%6==5 && x%7==0){
6                printf("x = %d\n", x);
7                find = 1;
8            }
9            x++;
10       }
11       return 0;
12   }
```

参考程序 2 如下。

```c
1    #include <stdio.h>
2    int main(void){
3        int  x = 1;
4        while (1){
5            if (x%2==1 && x%3==2 && x%5==4 && x%6==5 && x%7==0){
6                printf("x = %d\n", x);
7                break;
8            }
9            x++;
10       }
11       return 0;
12   }
```

参考程序 3 如下。

```c
1    #include <stdio.h>
2    int main(void){
3        int  x = 0, find = 0;
4        do{
5            x++;
6            find = x%2==1 && x%3==2 && x%5==4 && x%6==5 && x%7==0;
7        } while (!find);
8        printf("x = %d\n", x);
9        return 0;
10   }
```

参考程序 4 如下。

```c
1    #include <stdio.h>
2    int main(void){
3        int  x = 0;
4        do{
5            x++;
6        } while (!(x%2==1 && x%3==2 && x%5==4 && x%6==5 && x%7==0));
7        printf("x = %d\n", x);
8        return 0;
9    }
```

程序运行结果如下：

```
x = 119
```

5.3 马克思手稿中的趣味数学题。男人、女人和小孩总计 30 个人，在一家饭店里吃饭，共花了 50 先令，每个男人各花 3 先令，每个女人各花 2 先令，每个小孩各花 1 先令，请用穷举法编程计算男人、女人和小孩各有几人。

【参考答案】设有男人、女人和小孩各 *x*、*y*、*z* 人，按题目要求可列出如下方程组：

$$\begin{cases} x + y + z = 30 \\ 3x + 2y + z = 50 \end{cases}$$

利用穷举法求解上面的不定方程。

方法 1：采用三重循环，令 *x*、*y*、*z* 分别从 0 变化到 30，穷举 *x*、*y*、*z* 的全部可能取值的组合，然后判断 *x*、*y*、*z* 的每一种组合是否满足方程组的解的条件。

```
1   #include <stdio.h>
2   int main(void){
3       printf("Man\tWomen\tChildren\n");
4       for (int x=0; x<=30; x++){
5           for (int y=0; y<=30; y++){
6               for (int z=0; z<=30; z++){
7                   if (x+y+z == 30 && 3*x+2*y+z == 50)
8                       printf("%3d\t%5d\t%8d\n", x, y, z);
9               }
10          }
11      }
12      return 0;
13  }
```

方法 2：由于每个男人花 30 先令，因此在只花 50 先令的情况下，最多只有 16 个男人；同样，在只花 50 先令的情况下，最多只有 25 个女人，而小孩的人数可由方程式 *x+y+z*=30 计算得到，因此可以缩小需要穷举的范围，提高算法的效率。

```
1   #include <stdio.h>
2   int main(void){
3       printf("Man\tWomen\tChildren\n");
4       for (int x=0; x<=16; x++){
5           for (int y=0; y<=25; y++){
6               int z = 30 - x - y;
7               if (3*x+2*y+z == 50){
8                   printf("%3d\t%5d\t%8d\n", x, y, z);
9               }
10          }
11      }
12      return 0;
13  }
```

程序运行结果如下：

Man	Women	Children
0	20	10
1	18	11
2	16	12
3	14	13
4	12	14
5	10	15
6	8	16
7	6	17
8	4	18
9	2	19
10	0	20

5.4 **素数之和**。请用筛法编程计算并输出 1~*n* 之间的所有素数之和。

【参考答案】参考程序如下。

```
1   #include <stdio.h>
```

```
2    #include <math.h>
3    #include <stdbool.h>
4    bool IsPrime(int m);
5    int SumofPrime(int n);
6    int main(void){
7        int n;
8        printf("sum=%d\n", SumofPrime(n));
9        return 0;
10   }
11   //函数功能：判断m是否是素数，若函数返回0，则表示不是素数；若返回1，则表示是素数
12   bool IsPrime(int m){
13       bool flag = true;
14       int squareRoot = (int)sqrt(m);
15       if (m <= 1)   flag = false;      //负数、0和1都不是素数
16       for (int i=2; i<=squareRoot && flag; ++i){
17           if (m%i == 0) flag = false; //若能被整除，则不是素数
18       }
19       return flag;
20   }
21   //函数功能：计算并返回n以内的所有素数之和
22   int SumofPrime(int n){
23       int sum = 0;
24       for (int m=1; m<=n; ++m){
25           if (IsPrime(m)){                  //素数判定
26               sum += m;
27           }
28       }
29       return sum;
30   }
```

程序的运行结果为：

100✓

sum = 1060

5.5 陈景润与哥德巴赫猜想。1973 年，我国数学家陈景润攻克了数学界 200 多年悬而未决的世界级数学难题，即"哥德巴赫猜想"中的"1＋2"，成为哥德巴赫猜想研究史上的里程碑。他的成果被国际数学界称为"陈氏定理"，写进美、英、法、苏、日等六国的许多数论书中。2009 年，陈景润被评为 100 位新中国成立以来感动中国人物之一。现在，请编程验证任何一个大于或等于 6 但不超过 2000000000 的足够大的偶数 n 总能表示为两个素数之和。例如，8=3+5，12=5+7 等。如果 n 符合"哥德巴赫猜想"，则输出将 n 分解为两个素数之和的等式，否则输出"n 不符合哥德巴赫猜想！"的提示信息。

【参考答案】首先要解决的问题是得到分解等式：$n = a + b$，即将 n 分解为两个数 a 和 b 的和。为了保证 $a + b$ 的值一定等于 n，可以将 n 分解为：$n = a + (n - a)$。其次要解决的问题就是测试 a 和 $n - a$ 是否为素数。

为了提高枚举效率，首先要保证输入的 n 是一个偶数，并且 a 是奇数（因为素数不可能是偶数）。因为 a 和 b 的对称性，所以分解后的两个数中至少有一个是小于等于 $n/2$ 的。因此，可将 a 设为枚举对象，枚举范围是令 a 从 3 开始，测试所有的奇数，直到 $n/2$ 为止，满足所求解的判定条件就是 a 和 $n-a$ 均为素数。若 a 和 $n-a$ 均为素数，则验证成功，即 n 符合"哥德巴赫猜想"。由于 n 的分解式可以有很多，因此只需要找到满足 a 和 $n - a$ 都是素数的一个组合即可从函数返回。

根据以上分析，用枚举法实现的程序如下。

```
1    #include <stdio.h>
2    #include <math.h>
```

```
3     #include <stdbool.h>
4     bool IsPrime(long m);
5     bool Goldbach(long n);
6     int main(void){
7         long n;
8         int ret;
9         do{
10            printf("Input n:");
11            ret = scanf("%ld", &n);
12            if (ret != 1) while (getchar() != '\n');
13        }while (ret!=1 || n%2!=0 || n<6 || n>2000000000);
14        if (!Goldbach(n)){
15            printf("%ld 不符合哥德巴赫猜想\n", n);
16        }
17        return 0;
18    }
19    //函数功能: 判断 m 是否是素数, 若函数返回 0, 则表示不是素数; 若返回 1, 则表示是素数
20    bool IsPrime(long m){
21        bool flag = true;
22        int squareRoot = (int)sqrt(m);
23        if (m <= 1)    flag = false;      //负数、0 和 1 都不是素数
24        for (int i=2; i<=squareRoot && flag; ++i){
25            if (m%i == 0) flag = false; //若能被整除, 则不是素数
26        }
27        return flag;
28    }
29    //函数功能: 验证哥德巴赫猜想, 验证成功时将其表示为两个素数之和输出
30    //          若返回值为非 0, 则验证成功; 否则验证失败
31    bool Goldbach(long n){
32        bool find = false;
33        for (long a=3; a<=n/2&&!find; a+=2){
34            if (IsPrime(a) && IsPrime(n-a)){
35                printf("%ld=%ld+%ld", n, a, n-a);
36                find = true;
37            }
38        }
39        return find;
40    }
```

程序的运行结果如下:

```
Input n:20000000000↙
Input n:2↙
Input n:x↙
Input n:2000000000↙
2000000000=73+1999999927
```

5.6 用更相减损术计算最大公约数。更相减损术是我国古代的数学专著《九章算术》中记载的一种求最大公约数的方法, 其主要思想是从大数中减去小数, 辗转相减, 减到余数和减数相等, 即得等数。具体地, 对正整数 a 和 b, 当 $a>b$ 时, 若 a 中含有与 b 相同的公约数, 则 a 中去掉 b 后剩余的部分 $a{-}b$ 中也应含有与 b 相同的公约数, 对 $a{-}b$ 和 b 计算公约数就相当于对 a 和 b 计算公约数。反复使用最大公约数的上述性质, 直到 a 和 b 相等为止, 这时, a 或 b 就是它们的最大公约数。这三条性质, 也可以表示为:

性质 1   如果 $a>b$, 则 a 和 b 与 $a{-}b$ 和 b 的最大公约数相同, 即 $Gcd(a, b) = Gcd(a{-}b, b)$

性质 2   如果 $b>a$, 则 a 和 b 与 a 和 $b{-}a$ 的最大公约数相同, 即 $Gcd(a, b) = Gcd(a, b{-}a)$

性质 3   如果 $a=b$, 则 a 和 b 的最大公约数与 a 值和 b 值相同, 即 $Gcd(a, b) = a = b$

从键盘输入两个正整数 a 和 b，请分别采用迭代法和递归法，编程计算并输出两个正整数 a 和 b 的最大公约数。

【参考程序】用迭代法实现的程序代码如下。

```
1    #include <stdio.h>
2    int Gcd(int a, int b);
3    int main(void){
4        int a, b;
5        scanf("%d,%d",&a, &b);
6        int c = Gcd(a,b);
7        if (c != -1){
8            printf("Greatest Common Divisor of %d and %d is %d\n", a, b, c);
9        }
10       else{
11           printf("Input number should be positive!\n");
12       }
13       return 0;
14   }
15   //函数功能：递归方法计算 a 和 b 的最大公约数，输入负数时返回-1
16   int Gcd(int a, int b){
17       if (a <=0 || b <=0){
18           return -1;
19       }
20       if (a == b){
21           return a;
22       }
23       else if (a > b){
24           return Gcd(a-b, b);
25       }
26       else{
27           return Gcd(a, b-a);
28       }
29   }
```

用递归迭代法实现的程序代码如下。

```
1    #include <stdio.h>
2    int Gcd(int a, int b);
3    int main(void){
4        int a, b;
5        scanf("%d,%d", &a, &b);
6        int c = Gcd(a,b);
7        if (c != -1){
8            printf("Greatest Common Divisor of %d and %d is %d\n", a, b, c);
9        }
10       else{
11           printf("Input number should be positive!\n");
12       }
13       return 0;
14   }
15   //函数功能：计算两个正整数的最大公约数，输入负数时返回-1
16   int Gcd(int a, int b){
17       if (a <=0 || b <=0){
18           return -1;
19       }
20       while (a != b){
21           if (a > b){
22               a = a - b;
23           }
24           else if (b > a){
```

```
25              b = b - a;
26          }
27      }
28      return a;
29  }
```

5.7 **孪生素数**。相差为 2 的两个素数称为孪生素数。例如，3 与 5、41 与 43 等都是孪生素数。请编写一个程序，计算并输出指定区间[*c*,*d*]上的所有孪生素数对，并统计这些孪生素数的对数。先输入区间[*c*,*d*]的下限值 *c* 和上限值 *d*，要求 *c*>2，如果数值不符合要求或出现非法字符，则重新输入。然后输出指定区间[*c*,*d*]上的所有孪生素数对，以及这些孪生素数的对数。

【参考答案】参考程序 1：

```
1   #include <stdio.h>
2   #include <math.h>
3   int IsPrime(int x);
4   int TwinPrime(int min, int max);
5   int main(void){
6       int c, d, ret;
7       do{
8           printf("Input c,d(c>2):");
9           ret = scanf("%d,%d", &c, &d);
10          if (ret != 2) while (getchar() != '\n');
11      }while (ret!=2 || c<=2 || c>=d);
12      int n = TwinPrime(c, d);
13      printf("count=%d\n", n);
14      return 0;
15  }
16  //函数功能：判断 x 是否是素数，若函数返回 0，则表示不是素数；若返回 1，则表示是素数
17  int IsPrime(int x){
18      int flag = 1;
19      int squareRoot = (int)sqrt(x);
20      if (x <= 1)   flag = 0;          //负数、0 和 1 都不是素数
21      for (int i=2; i<=squareRoot && flag; i++){
22          if (x%i == 0) flag = 0;      //若能被整除，则不是素数
23      }
24      return flag;
25  }
26  //函数功能：打印[min,max]之间的孪生素数，返回其间孪生素数的个数
27  int TwinPrime(int min, int max){
28      int front = 0;
29      int count = 0;
30      if (min%2 == 0){
31          min++;
32      }
33      for (int i=min; i<=max; i+=2){
34          if (IsPrime(i)){
35              if (i-front == 2){
36                  printf("(%d,%d)", front, i);
37                  count++;
38              }
39              front = i;
40          }
41      }
42      printf("\n");
43      return count;
44  }
```

参考程序 2：

```
1   #include <stdio.h>
```

```
2      #include <math.h>
3      int IsPrime(int x);
4      int TwinPrime(int min, int max);
5      int main(void){
6          int c, d, ret;
7          do{
8              printf("Input c,d(c>2):");
9              ret = scanf("%d,%d", &c, &d);
10             if (ret != 2) while (getchar() != '\n');
11         }while (ret!=2 || c<=2 || c>=d);
12         int n = TwinPrime(c, d);
13         printf("count=%d\n", n);
14         return 0;
15     }
16     //函数功能：判断 x 是否是素数，若函数返回 0，则表示不是素数；若返回 1，则表示是素数
17     int IsPrime(int x){
18         int flag = 1;
19         int squareRoot = (int)sqrt(x);
20         if (x <= 1)   flag = 0;           //负数、0 和 1 都不是素数
21         for (int i=2; i<=squareRoot && flag; i++){
22             if (x%i == 0) flag = 0;       //若能被整除，则不是素数
23         }
24         return flag;
25     }
26     //函数功能：打印[min,max]之间的孪生素数，返回其间孪生素数的个数
27     int TwinPrime(int min, int max){
28         int count = 0;
29         if (min%2 == 0){
30             min++;
31         }
32         for (int i=min; i<=max-2; i+=2){
33             if (IsPrime(i) && IsPrime(i+2)){
34                 printf("(%d,%d)", i, i+2);
35                 count++;
36             }
37         }
38         printf("\n");
39         return count;
40     }
```

程序运行结果如下：

```
Input c,d(c>2):1,100↙
Input c,d(c>2):2,100↙
Input c,d(c>2):3,100↙
(3,5)(5,7)(11,13)(17,19)(29,31)(41,43)(59,61)(71,73)
count=8
```

5.8 **回文素数**。所谓回文素数是指对一个素数 n，从左到右读和从右到左读都是相同的，这样的数就称为回文素数，例如 11、101、313 等。请编写一个程序，计算并输出 n 以内的所有回文素数，并统计这些回文素数的个数。先输入一个取值在[100,1000]范围内的任意整数 n，如果超过这个范围或出现非法字符，则重新输入。然后输出 n 以内的所有回文素数，以及这些回文素数的个数。

【参考答案】

```
1      #include<stdio.h>
2      #include<math.h>
3      int IsPrime(int x);
4      int PalindromicPrime(int n);
```

```
5    int main(void){
6        int n, ret;
7        do{
8            printf("Input n:");
9            ret = scanf("%d", &n);
10           if (ret != 1) while (getchar() != '\n');
11       }while (ret!=1 || n<100 || n>1000);
12       int count = PalindromicPrime(n);
13       printf("count=%d\n", count);
14       return 0;
15   }
16   //函数功能: 判断 x 是否是素数, 若函数返回 0, 则表示不是素数; 若返回 1, 则表示是素数
17   int IsPrime(int x){
18       int flag = 1;
19       int squareRoot = (int)sqrt(x);
20       if (x <= 1)   flag = 0;                  //负数、0 和 1 都不是素数
21       for (int i=2; i<=squareRoot && flag; i++){
22           if (x%i == 0) flag = 0;              //若能被整除, 则不是素数
23       }
24       return flag;
25   }
26   //函数功能: 计算并输出不超过 n (100<=n<=1000) 的回文素数, 并返回回文素数的个数
27   int PalindromicPrime(int n){
28       int t, count = 0;
29       for (int m=10; m<n; ++m){              //从 10 开始试到 n-1
30           int i = m / 100;                   //分离出百位数字
31           int j = (m - i * 100) / 10;        //分离出十位数字
32           int k = m % 10;                    //分离出个位数字
33           if (m < 100){                      //若为两位数
34               t = k * 10 + j ;               //右读结果
35           }
36           else{                              //若为三位数
37               t = k * 100 + j * 10 + i;      //右读结果
38           }
39           if (m==t && IsPrime(m)){           //若左读结果等于右读结果且为素数
40               printf("%4d", m);              //输出回文素数
41               count++;                       //回文素数计数器计数
42           }
43       }
44       printf("\n");
45       return count;                          //返回回文素数个数
46   }
```

程序运行结果如下:

```
Input n:1000✓
  11 101 131 151 181 191 313 353 373 383 727 757 787 797 919 929
count=16
```

5.9 **梅森素数**。素数有无穷多个, 但目前只发现有极少量的素数能表示成 2^i-1 (i 为素数)的形式, 形如 2^i-1 的素数(如 3、7、31、127 等), 称为梅森素数或梅森尼数, 它是以 17 世纪法国数学家马林·梅森的名字命名的。编程计算并输出指数 i 在[2,n]中的所有梅森素数, 并统计梅森素数个数, n 值由键盘输入且不大于 50。

【参考答案】

```
1    #include<stdio.h>
2    #include<math.h>
3    int IsPrime(long x);
4    int Mensenni(int n);
```

```
5     int main(void){
6         int n;
7         do{
8             printf("Input n:");
9             scanf("%d", &n);
10        }while (n<2 || n>50);
11        int count = Mensenni(n);
12        printf("count=%d\n", count);
13        return 0;
14    }
15    //函数功能：判断 x 是否是素数，若函数返回 0，则表示不是素数；若返回 1，则表示是素数
16    int IsPrime(long x){
17        if (x <= 1) return 0;
18        int squareRoot = (int)sqrt(x);
19        for (int i=2; i<=squareRoot; i++){
20            if (x%i == 0)  return 0;
21        }
22        return 1;
23    }
24    //函数功能：计算并输出指数 i 在[2,n]中的所有梅森素数，并返回这些梅森素数的个数
25    int Mensenni(int n){
26        int  count = 0;
27        long m, t = 2;
28        for (int i=2; i<=n; i++){
29            t = t * 2;
30            m = t - 1; //或者用 m = pow(2,i) - 1，但不建议使用
31            if (IsPrime(m)){
32                count++;
33                printf("2^%d-1=%ld\n", i, m);
34            }
35        }
36        return count;
37    }
```

程序运行结果如下：

```
Input n:50✓
2^2-1=3
2^3-1=7
2^5-1=31
2^7-1=127
2^13-1=8191
2^17-1=131071
2^19-1=524287
2^31-1=2147483647
count=8
```

5.10 猴子吃桃。请采用当型循环结构重新编写例 5.5 程序，同时增加对用户输入数据的合法性验证（即不允许输入的天数是 0 和负数）。

【参考程序】采用当型循环结果实现的程序代码如下。

```
1     #include <stdio.h>
2     int MonkeyEatPeach(int day);
3     int main(void){
4         int days, total;
5         printf("Input days:");
6         scanf("%d", &days);
7         total = MonkeyEatPeach(days);
8         printf("x=%d\n", total);
9         return 0;
```

```
10    }
11    //函数功能: 从第 day 天只剩下一个桃子反向逆推出第 1 天的桃子数
12    int MonkeyEatPeach(int day){
13        int x = 1;
14        while (day > 1){
15            x = (x + 1) * 2;
16            day--;
17        }
18        return x;
19    }
```

程序运行结果如下:

10✓

x=1534

5.11 **赶鸭子**。一个人赶着鸭子去每个村子卖,每经过一个村子卖出所赶鸭子数量的一半又一只。这样他经过了 *n* 个村子后还剩两只鸭子,问他出发时共赶了多少只鸭子?

【参考程序】采用递推方法编写的程序如下。

```
1     #include  <stdio.h>
2     int DriveDuck(int n);
3     int main(void){
4         int n;
5         scanf("%d", &n);
6         if (n < 0){
7             printf("Input error!");
8         }
9         else{
10            printf("%d\n", DriveDuck(n));
11        }
12        return 0;
13    }
14    //函数功能: 计算并返回出发时共赶了多少只鸭子
15    int DriveDuck(int n){
16        int x = 2;
17        while (n >= 1){
18            x = 2 * (x + 1);
19            n--;
20        }
21        return x;
22    }
```

采用递归方法编写的程序如下。

```
1     #include  <stdio.h>
2     int DriveDuck(int n, int sum);
3     int main(void){
4         int n;
5         scanf("%d", &n);
6         if (n < 0){
7             printf("Input error!");
8         }
9         else{
10            printf("%d\n", DriveDuck(n, 2));
11        }
12        return 0;
13    }
14    //函数功能: 计算并返回出发时共赶了多少只鸭子
15    int DriveDuck(int n, int sum){
16        if (n >= 1){
17            sum = 2 * (sum + 1);
```

```
18          n--;
19          return DriveDuck(n, sum);
20      }
21      else{
22          return sum;
23      }
24  }
```

程序运行结果示例 1 如下：

10↙

4094

程序运行结果示例 2 如下：

0↙

2

5.12 递归计算累加和。 请用递归函数编程计算 $1+2+3+\cdots+n$。

【参考答案】参考程序如下。

```
1   #include<stdio.h>
2   int Sum(int n);
3   int main(void){
4       int n;
5       scanf("%d", &n);
6       printf("sum=%d\n", Sum(n));
7       return 0;
8   }
9   //函数功能：递归计算 1+2+3+...+n
10  int Sum(int n){
11      if (n == 1){
12          return 1;
13      }
14      else{
15          return Sum(n-1) + n;
16      }
17  }
```

程序运行结果如下：

100↙

sum=5050

5.13 n 层嵌套平方根。 请按如下计算公式，用递归函数编程计算 n 层嵌套平方根。

$$y(x) = \sqrt{x + \cdots + \sqrt{x + \sqrt{x}}}$$

【参考答案】参考程序如下：

```
1   #include <stdio.h>
2   #include <math.h>
3   double Y(double x, int n);
4   int main(void){
5       double x;
6       int n;
7       scanf("%lf,%d", &x, &n);
8       printf("%f\n", Y(x, n));
9       return 0;
10  }
11  //函数功能：递归计算 n 层嵌套平方根
12  double Y(double x, int n){
13      if (n == 0){
14          return 0;
```

```
15          }
16      else{
17          return (sqrt(x + Y(x,n-1)));
18      }
19  }
```

程序运行结果示例 1 如下：

9,1✓

3

程序运行结果示例 2 如下：

9,4✓

3.539838

5.14 **汉诺塔移动次数**。请用递归方法编程计算求解汉诺塔问题时，完成 n 个圆盘的移动所需的移动次数。

【参考答案】参考程序如下。

```
1   #include <stdio.h>
2   long long HanoiTimes(int n);
3   int main(void){
4       int n;
5       scanf("%d", &n);
6       printf("%I64d\n", HanoiTimes(n));
7       return 0;
8   }
9   long long HanoiTimes(int n){
10      if (n == 1){
11          return 1;
12      }
13      else{
14          return 2 * HanoiTimes(n-1) + 1;
15      }
16  }
```

程序运行结果如下：

15✓

32767

5.15 **数字黑洞**。任意输入一个 3 的倍数的正整数，先把这个数的每一个数位上的数字都计算其立方，再将各位数字相加，得到一个新数，然后把这个新数的每一个数位上的数字再计算其立方，再将各位数字相加……重复运算下去，结果都为 153。如果换另一个 3 的倍数试一试，仍然可以得到同样的结论，因此 153 被称为"数字黑洞"。

例如，99 是 3 的倍数，按上面的规律运算如下：

2^3+4^3+3^3=8+64+27=99

9^3+9^3=729+729=1458

1^3+4^3+5^3+8^3=1+64+125+512=702

7^3+0^3+2^3=351

3^3+5^3+1^3=153

1^3+5^3+3^3=153

请采用递归方法编程验证任意 3 的倍数的正整数都是"数字黑洞"，并输出验证的步数。

【参考答案】参考程序如下。

```
1   #include <stdio.h>
2   int IsDaffodilNum(int num);
```

```
3    int main(void){
4        int n;
5        printf("Input n:");
6        scanf("%d", &n);
7        if (n % 3 != 0){
8            printf("%d is not a daffodil number\n", n);
9        }
10       else if (IsDaffodilNum(n)){
11           printf("%d is a daffodil number\n", n);
12       }
13       return 0;
14   }
15   //函数功能：验证 n 是数字黑洞，并记录验证的步数
16   int IsDaffodilNum(int num){
17       printf("%d\n", num);
18       if(num == 153){
19           return 1;
20       }
21       int temp = 0;
22       while(num != 0){
23           temp += (num % 10) * (num % 10) * (num % 10);
24           num /= 10;
25       }
26       return IsDaffodilNum(temp);
27   }
```

程序运行结果如下：

```
Input n:99✓
99
1458
702
351
153
99 is a daffodil number
```

5.16 多项式计算。请用递归的方法计算下列函数的值：$px(x,n) = x - x^2 + x^3 - x^4 + \cdots ((-1)^n - 1)(x^n)$，已知 $n>0$。

【参考答案】

第一种思路：

因为 $px(x, n-1) = x - x^2 + x^3 - x^4 + \ldots (-1)^{n-2}x^{n-1}$

所以 $px(x, n) = x - x^2 + x^3 - x^4 + \ldots (-1)^{n-2}x^{n-1} + (-1)^{n-1}x^n$

$$= px(x, n-1) + (-1)^{n-1}x^n$$

参考程序如下。

```
1    #include <stdio.h>
2    #include <math.h>
3    double Px(double x, int n);
4    int main(void){
5        int n;
6        double x;
7        printf("Input x,n:");
8        scanf("%lf,%d", &x, &n);
9        printf("px=%f\n", Px(x, n));
10       return 0;
11   }
12   double Px(double x, int n){
13       if (n == 1){
```

```
14          return x;
15      }
16      else{
17          return (Px(x, n-1) + pow(-1, n-1) * pow(x, n));
18      }
19  }
```

第二种思路：

$$px(x, n) = x - x^2 + x^3 - x^4 + \dots (-1)^{n-1}x^n$$
$$= x * (1 - x + x^2 - x^3 - \dots (-1)^{n-1}x^{n-1})$$
$$= x * (1 - (1 - x + x^2 - x^3 - \dots (-1)^{n-2}x^{n-1}))$$
$$= x * (1 - px(x, n-1))$$

参考程序如下。

```
1   #include <stdio.h>
2   #include <math.h>
3   double Px(double x, int n);
4   int main(void){
5       int n;
6       double x;
7       printf("Input x,n:");
8       scanf("%lf,%d", &x, &n);
9       printf("px=%f\n", Px(x, n));
10      return 0;
11  }
12  double Px(double x,int n){
13      if (n == 1){
14          return x;
15      }
16      else{
17          return (x * (1 - Px(x, n-1)));
18      }
19  }
```

程序运行结果如下：

```
Input x,n:4,6↙
px=-3276.000000
```

5.17 **水手分椰子**。$n(1<n<=8)$个水手在岛上发现一堆椰子，先由第 1 个水手把椰子分为等量的 n 堆，还剩下 1 个给了猴子，自己藏起 1 堆。然后，第 2 个水手把剩下的 $n-1$ 堆混合后重新分为等量的 n 堆，还剩下 1 个给了猴子，自己藏起 1 堆。以后第 3、4 个水手依次按此方法处理。最后，第 n 个水手把剩下的椰子分为等量的 n 堆后，同样剩下 1 个给了猴子。请编写一个程序，计算原来这堆椰子至少有多少个。

【参考答案】依题意，前一水手面对的椰子数减去 1 个后，取其 4/5 就是留给当前水手的椰子数。因此，若当前水手面对的椰子数是 y 个，则他前一个水手面对的椰子数是 $y*5/4+1$ 个，依此类推。若对某一个整数 y 经上述 5 次迭代都是整数，则最后的结果即所求。因为依题意 y 一定是 5 的倍数加 1，所以让 y 从 $5x+1$ 开始取值（x 从 1 开始取值），在按 $y*5/4+1$ 进行的 4 次迭代中，若某一次 y 不是整数，则将 x 增 1 后用新的 x 再试，直到 5 次迭代的 y 值全部为整数时，输出 y 值即所求。一般地，对 $n(n>1)$ 个水手，按 $y*n/(n-1)+1$ 进行 n 次迭代可得 n 个水手分椰子问题的解。

参考程序如下：

```
1   #include <stdio.h>
2   long Coconut(int n);
3   int main(void){
```

```
 4        int n;
 5        do{
 6            printf("Input n:");
 7            scanf("%d", &n);
 8        }while (n<1 || n>8);
 9        printf("y = %ld\n", Coconut(n));
10        return 0;
11   }
12   long Coconut(int n){
13        int   i = 1;
14        double x = 1, y;
15        y = n * x + 1;
16        do{
17            y = y * n / (n-1) + 1;
18            i++;                    //记录递推次数
19            if (y != (long)y)
20            {
21                x = x + 1;          //试下一个 x
22                y = n * x + 1;
23                i = 1;              //递推重新开始计数
24            }
25        }while (i < n);
26        return (long)y;
27   }
```

程序运行结果如下：

```
Input n:8↙
y = 16777209
```

习　题　6

6.1 单选题。

（1）以下能对外部二维数组 a 进行正确初始化的语句是（　　　　）。

    A.　int a[2][] = {{1,0,1},{5,2,3}};

    B.　int a[][3] = {{1,2,1},{5,2,3}};

    C.　int a[2][4] = {{1,2,1},{5,2},{6}};

    D.　int a[][3] = {{1,0,2},{},{2,3}};

【参考答案】B

（2）若二维数组 a 有 m 列，则在 a[i][j] 之前的元素个数为（　　　　）。

    A.　j*m+i　　　　　B.　i*m+j　　　　　C.　i*m+j–1　　　　　D.　i*m+j+1

【参考答案】B

（3）C 语言中形参的默认存储类别是（　　　　）。

    A.　自动（auto）　B.　静态（static）　　C.　寄存器（register）　D.　外部（extern）

【参考答案】A

（4）若用数组名作为函数调用时的实参，则实际上传递给形参的是（　　　　）。

    A.　数组的首地址　　　　　　　　　　B.　数组的第一个元素值

    C.　数组中全部元素的值　　　　　　　D.　数组元素的个数

【参考答案】A

（5）下列说法正确的是（　　　）。

  A. 数组名做函数参数时，修改形参数组元素值会导致实参数组元素值的修改

  B. 声明函数的二维数组形参时，通常不指定数组的大小，而用另外的形参来指定数组的大小

  C. 声明函数的二维数组形参时，可省略数组第二维的长度，但不能省略数组第一维的长度

  D. 数组名做函数参数时，是将数组中所有元素的值传给形参

【参考答案】A

6.2 判断对错题。

（1）C 语言中的二维数组在内存中是按列存储的。　　　　　　　　　　　（　　　）

（2）在 C 语言中，数组的下标都从 0 开始的。　　　　　　　　　　　　　（　　　）

（3）在 C 语言中，不带下标的数组名代表数组的首地址。　　　　　　　（　　　）

（4）在 C 语言中，只有当实参与其对应的形参同名时，才共占同一个存储单元。（　　　）

【参考答案】（1）错误（2）正确（3）正确（4）错误

6.3 验证黄金分割比。Fibonacci 数列的后一项与前一项的比值的极限约等于 0.618，这就是著名的黄金分割比，请编程验证这一结果。

【参考答案】参考程序如下。

```
1   #include <stdio.h>
2   #define N 20
3   void Fib(long f[], int n);
4   int main(void){
5      long f[N];
6      int n;
7      scanf("%d", &n);
8      Fib(f, n);
9      for (int i=1; i<n; i++){
10        printf("%f\n",(double)f[i+1]/(double)f[i]);
11     }
12     return 0;
13  }
14  void Fib(long f[], int n){
15     f[1]=1;
15     f[2]=1;
17     for (int i=3; i<=n; i++){
18       f[i] = f[i-1] + f[i-2];
19     }
20  }
```

程序运行结果如下：

```
15↙
1.000000
2.000000
1.500000
1.666667
1.600000
1.625000
1.615385
1.619048
1.617647
1.618182
1.617978
```

```
1.618056
1.618026
1.618037
```

6.4 3 位数构成。将 1 ~ 9 这九个数字分成三个 3 位数，要求第一个 3 位数，正好是第二个 3 位数的 1/2，是第三个 3 位数的 1/3。请编程输出所有符合这一条件的 3 位数。

【参考答案】参考程序 1 如下。

```
1   #include <stdio.h>
2   #include <string.h>
3   int SeparateOK(int m);
4   void GetDigit(int num, int b[]);
5   int main(void){
6       for (int m=123; m<333; m++){
7           if (SeparateOK(m)){
8               printf("%d,%d,%d\n", m, m*2, m*3);
9           }
10      }
11      return 0;
12  }
13  int SeparateOK(int m){
14      int a[9];
15      a[0] = m / 100;
16      a[1] = (m % 100) / 10;
17      a[2] = m % 10;
18      a[3] = (m * 2) / 100;
19      a[4] = ((m * 2) % 100) / 10;
20      a[5] = (m * 2) % 10;
21      a[6] = (m * 3) / 100;
22      a[7] = ((m * 3) % 100) / 10;
23      a[8] = (m * 3) % 10;
24      for (int i=0; i<9; i++){
25          for (int j=0; j<i; j++){
26              if ((a[i]==a[j])||a[i]==0||a[j]==0){
27                  return 0;
28              }
29          }
30      }
31      return 1;
32  }
```

参考程序 2 如下。

```
1   #include <stdio.h>
2   #include <string.h>
3   int SeparateOK(int m);
4   int main(void){
5       for (int m=123; m<333; m++){
6           if (SeparateOK(m)){
7               printf("%d,%d,%d\n", m, m*2, m*3);
8           }
9       }
10      return 0;
11  }
12  int SeparateOK(int m){
13      char a[10];
14      sprintf(a, "%d", m);
15      sprintf(a+3, "%d", 2*m);
16      sprintf(a+6, "%d", 3*m);
17      for (int i=0; i<9; i++){
18          for (int j=0; j<i; j++){
```

```
19              if ((a[i]==a[j]) || a[i]=='0' || a[j]=='0'){
20                  return 0;
21              }
22          }
23      }
24      return 1;
25  }
```

参考程序 3 如下。

```
1   #include <stdio.h>
2   #include <string.h>
3   int SeparateOK(int m);
4   void GetDigit(int num, int b[]);
5   int main(void){
6       for (int m=123; m<333; m++){
7           if (SeparateOK(m)){
8               printf("%d,%d,%d\n", m, m*2, m*3);
9           }
10      }
11      return 0;
12  }
13  int SeparateOK(int m){
14      int a[10]={0};
15      GetDigit(m, a);
16      GetDigit(2*m, a);
17      GetDigit(3*m, a);
18      for (int i=1; i<=9; i++){
19          if (a[i] == 0){
20              return 0;
21          }
22      }
23      return 1;
24  }
25  void GetDigit(int num, int b[]){
26      for (int i=0; i<3; i++){
27          b[num % 10] = num % 10;
28          num /= 10;
29      }
30  }
```

程序运行结果如下：

```
192,384,576
219,438,657
273,546,819
327,654,981
```

阿姆斯特朗数

6.5 **阿姆斯特朗数**。阿姆斯特朗数是一个 n 位数，其本身等于各位数的 n 次方加和。从键盘输入数据的位数 n（$n \leqslant 8$），编程输出所有的 n 位阿姆斯特朗数。

【参考答案】参考程序如下。

```
1   #include <stdio.h>
2   #include <stdlib.h>
3   #include <math.h>
4   unsigned long ArmstrongNum(unsigned long number, unsigned int n);
5   int main(void){
6       unsigned int n;
7       scanf("%u", &n);
8       unsigned long head = pow(10, n - 1);
9       unsigned long tail = pow(10, n) - 1;
```

```
10      for(; head<tail; head++){
11          unsigned long digit = ArmstrongNum(head, n);
12          if (digit!=0) printf("%lu\n", digit);
13      }
14      return 0;
15  }
16  unsigned long ArmstrongNum(unsigned long number, unsigned int n){
17      unsigned long m = number;
18      double sum = 0;                    //注意 sum 要定义为 double 类型
19      while (number != 0){
20          unsigned long digit = number % 10;
21          sum = sum + pow(digit, n);
22          number = number / 10;
23      }
24      if (m == (unsigned long)sum)  return sum;
25      else return 0;
26  }
```

程序运行结果如下：

```
7↙
1741725
4210818
9800817
9926315
```

6.6 **素数之和**。请用筛法编程计算并输出 1～n 之间的所有素数之和。

【参考答案】筛法是一种著名的快速求素数的方法。所谓"筛"就是"对给定的到 N 为止的自然数，从中排除掉所有的非素数，最后剩下的就都是素数"，筛法的基本思想就是筛掉所有素数的倍数，剩下的一定不是素数。筛法求素数的过程为：将 2，3，…，N 依次存入相应下标的数组元素中，假设用数组 a 保存这些值，则将数组元素分别初始为以下的数值：

a[2] = 2，a[3] = 3，…，a[N] = N；

然后，依次从 a 中筛掉 2 的倍数，3 的倍数，5 的倍数，…，sqrt(N) 的倍数，即既筛掉所有素数的倍数，直到 a 中仅剩下素数为止，因此剩下的数不是任何数的倍数（除 1 例外）。

根据上述基本原理，写出完整的程序如下。

```
1   #include <stdio.h>
2   #include <math.h>
3   #define N  100
4   void SiftPrime(int a[], int n);
5   int SumofPrime(int n);
6   int main(void){
7       int n;
8       scanf("%d", &n);
9       printf("sum=%d\n", SumofPrime(n));
10      return 0;
11  }
12  //函数功能：利用筛法求 n 以内的所有素数
13  void SiftPrime(int a[], int n){
14      for (int i=2; i<=n; ++i){
15          a[i] = i;              //数组初始化
16      }
17      for (int i=2; i<=sqrt(n); ++i){
18          for (int j=i+1; j<=n; ++j){
19              if (a[i]!=0 && a[j]!=0 && a[j]%a[i]==0){
20                  a[j] = 0;     //筛掉 a[i] 的倍数 a[j]
21              }
22          }
```

```
23        }
24    }
25    //函数功能: 计算并返回 n 以内的所有素数之和
26    int SumofPrime(int n){
27        int a[N+1];
28        SiftPrime(a, n);          //一次性求出 n 以内的所有素数保存于数组 a 中
29        int sum = 0;
30        for (int m=2; m<=n; ++m){
31            if (a[m] != 0){       //素数判定
32                sum += m;         //或者 sum+=a[m]
33            }
34        }
35        return sum;
36    }
```

程序的运行结果为:

```
100✓
sum = 1060
```

6.7 奇数次元素查找。假设有一个长度为 n (假设 n 不超过 20, 由用户从键盘输入) 的整型数组, 且用户输入的数据范围是 0 ~ N-1 (例如 N 为 40), 其中只有一个元素在数组中出现了奇次, 请编程找出这个在数组中出现奇数次的元素。

【参考答案】第 1 种思路: 先对用户输入的数据进行排序, 然后对相邻数组元素依次比较, 若相等, 则计数, 若不相等, 则检查前面的计数结果是否为奇数, 若为奇数, 则返回前一个数组元素, 否则将计数器重新置为 1。循环结束时, 检查计数器最后一次的计数值是否为奇数, 若为奇数, 则返回最后一个数组元素, 否则返回-1, 表示未找到出现奇数次的数组元素。参考程序如下。

```
1    #include <stdio.h>
2    #define M 20    //假设输入的数据数量不超过 20
3    void InputArray(int a[], int n);
4    void DataSort(int a[], int n);
5    int SearchOddNum(int a[], int n);
6    int main(void){
7        int a[M], n;
8        printf("Input n:");
9        scanf("%d", &n);
10       InputArray(a, n);
11       DataSort(a, n);
12       int find = SearchOddNum(a, n);
13       if (find != -1){
14           printf("%d occur an odd number of times!\n", find);
15       }
16       else{
17           printf("Not found!\n");
18       }
19       return 0;
20   }
21   //函数功能: 输入 n 个数组元素
22   void InputArray(int a[], int n){
23       printf("Input array:");
24       for (int i=0; i<n; i++){
25           scanf("%d", &a[i]);
26       }
27   }
28   //函数功能: 按选择法对数组 a 中的 n 个元素进行排序
29   void DataSort(int a[], int n){
30       int i, j, k, temp;
31       for (i=0; i<n-1; i++){
```

```
32          k = i;
33          for (j=i+1; j<n; j++){
34              if (a[j] < a[k]) k = j;
35          }
36          if (k != i){
37              temp = a[k];
38              a[k] = a[i];
39              a[i] = temp;
40          }
41      }
42  }
43  //函数功能：查找并返回数组 c 中不为偶数的数
44  int SearchOddNum(int a[], int n){
45      int t = 1;
46      for(int i=1; i<n; i++){
47          if (a[i] == a[i-1]){
48              t++;
49          }
50          else{
51              if (t%2 != 0){
52                  return a[i-1];
53              }
54              else{
55                  t = 1;
56              }
57          }
58      }
59      return (t%2!=0) ? a[n-1] : -1;
60  }
```

第 2 种思路：由于题目限制输入的数据范围是 $0 \sim N-1$（例如 N 为 40），因此还可以设计一个有 N 个元素的一维数组 c 作为计数器，用 $c[i]$ 记录数据值 i 在数组 a 中出现的次数，最后将数组 c 中元素值为奇数的数输出即为所求。参考程序 2 如下。

```
1   #include <stdio.h>
2   #define N 40                    //假设输入的数据范围是 0~39
3   #define M 20                    //假设输入的数据数量不超过 20
4   void InputArray(int a[], int n);
5   void CountArray(int a[], int n, int c[]);
6   int SearchOddNum(int c[], int n);
7   int main(void){
8       int a[M], c[N], n;
9       printf("Input n:");
10      scanf("%d", &n);
11      InputArray(a, n);
12      CountArray(a, n, c);
13      int find = SearchOddNum(c, N);
14      if (find != -1){
15          printf("%d occur an odd number of times!\n", find);
16      }
17      else{
18          printf("Not found!\n");
19      }
20      return 0;
21  }
22  //函数功能：输入 n 个数组元素
23  void InputArray(int a[], int n){
24      printf("Input array:");
25      for (int i=0; i<n; i++){
```

```
26          scanf("%d", &a[i]);
27      }
28  }
29  //函数功能：统计数组 a 中每个元素出现的次数，记录到数组 c 中
30  void CountArray(int a[], int n, int c[]){
31      for (int i=0; i<n; i++){
32          c[i]=0;                  //初始化为 0
33      }
34      for (int i=0; i<n; i++){     //循环读入 n 个数
35          c[a[i]]++;               //进行计数
36      }
37  }
38  //函数功能：查找并返回数组 c 中不为偶数的数
39  int SearchOddNum(int c[], int n){
40      for(int i=0; i<n; i++){
41          if (c[i] % 2 != 0){
42              return i;
43          }
44      }
45      return -1;
46  }
```

程序运行结果如下：

```
Input n:5↙
Input array:1 2 3 2 1↙
3 occur an odd number of times!
```

6.8 好数对。已知一个集合 A，对于 A 中任意两个不同的元素，若其和仍在 A 内，则称其为好数对。例如，对于由 1、2、3、4 构成的集合，因为有 1+2=3，1+3=4，所以好数对有两个。请编程统计并输出好数对的个数。要求先输入集合中元素的个数，然后输出能够组成的好数对的个数。已知集合中最多有 1000 个元素，如果输入的数据不满足要求，则重新输入。

【参考答案】用数组 a 保存输入的元素值，用数组 b 为在集合中存在的数做标记，标记值为 1 表示该数在集合中存在，标记值为 0 表示该数在集合中不存在。然后用双重循环遍历数组 a，先计算数组 a 中任意两个元素之和，然后将其作为下标，检查数组 b 中对应这个下标的元素值是否为 1，若为 1，则表示这两个数组元素是好数对。

参考程序 1 如下。

```
1   #include<stdio.h>
2   #define N 10000
3   int GoodNum(int a[], int n);
4   int main(void){
5       int a[N], n;
6       do{
7           printf("Input n:");
8           scanf("%d", &n);
9       }while (n > 1000);
10      printf("Input %d numbers:", n);
11      for (int i=0; i<n; i++){
12          scanf("%d", &a[i]);             //输入数据
13      }
14      GoodNum(a, n);
15      return 0;
16  }
17  //函数功能：计算并返回 n 个元素能够组成的好数对的个数
18  int GoodNum(int a[], int n){
19      int cnt = 0, result = 0, sum[N];
20      for (int i=0; i<n; i++){
```

```
21          for (int j=i+1; j<n; j++){
22              sum[cnt++] = a[i] + a[j];        //将任意两个数相加的和存储到数组中
23          }
24      }
25      for (int i=0; i<n; i++){
26          for (int j=0; j<cnt; j++){
27              if (a[i] == sum[j]){             //判断是否相等
28                  result++;
29              }
30          }
31      }
32      printf("%d", result);
33      return 0;
34  }
```

参考程序 2 如下。

```
1   #include<stdio.h>
2   int GoodNum(int a[], int n);
3   int main(void){
5       int a[1000];
6       int i, n, s = 0;
7       do{
8           printf("Input n:");
9           scanf("%d", &n);
10      }while (n > 1000);
11      printf("Input %d numbers:", n);
12      for (i=0; i<n; i++){
14          scanf("%d", &a[i]);
15      }
16      s = GoodNum(a, n);
17      printf("%d\n", s);
18      return 0;
19  }
20  //函数功能：计算并返回 n 个元素能够组成的好数对的个数
21  int GoodNum(int a[], int n){
23      int b[10001];
24      int i, j, s = 0;
25      for (i=0; i<n; i++){
27          b[a[i]] = 1;
28      }
29      for (i=0; i<n; i++){
31          for (j=i+1; j<n; j++){
33              if (b[a[i] + a[j]] == 1){
35                  s++;
36              }
37          }
38      }
39      return s;
40  }
```

程序运行结果如下：

```
Input n:4000✓
Input n:5✓
Input 5 numbers:0 1 2 3 4✓
6
```

6.9 对角线元素之和。从键盘输入 n 以及一个 $n*n$ 矩阵，请编程计算 $n*n$ 矩阵的两条对角线元素之和。

【参考答案】参考程序如下。

```
1    #include <stdio.h>
2    #define ARR_SIZE 10
3    void InputMatrix(int a[][ARR_SIZE], int n);
4    int DiagonalSum(int a[][ARR_SIZE], int n);
5    int main(void){
6        int  a[ARR_SIZE][ARR_SIZE], n;
7        printf("Input n:");
8        scanf("%d", &n);
9        printf("Input %d*%d matrix:\n", n, n);
10       InputMatrix(a, n);
11       int sum = DiagonalSum(a, n);
12       printf("sum = %d\n", sum);
13       return 0;
14   }
15   void InputMatrix(int a[][ARR_SIZE], int n){
16       for (int i=0; i<n; i++){
17           for (int j=0; j<n; j++){
18               scanf("%d",&a[i][j]);
19           }
20       }
21   }
22   int DiagonalSum(int a[][ARR_SIZE], int n){
23       int sum = 0;
24       for (int i=0; i<n; i++){
25           for (int j=0; j<n; j++){
26               if (i == j || i+j == n-1){    //判断是否为对角线元素
27                   sum += a[i][j];
28               }
29           }
30       }
31       return sum;
32   }
```

程序运行结果如下：

```
Input n:3↙
Input 3*3 matrix:
1 2 3↙
4 5 6↙
7 8 9↙
sum = 25
```

6.10 矩阵乘法。利用公式 $c_{ij}=\sum_{k=1}^{n}a_{ik}*b_{kj}$ 计算矩阵 A 和矩阵 B 之积。已知 a_{ij} 为 $m \times n$ 阶矩阵 A 的元素（$i=1, 2, \cdots, m$；$j=1, 2, \cdots, n$），b_{ij} 为 $n \times m$ 阶矩阵 B 的元素（$i=1, 2, \cdots, n$；$j=1, 2, \cdots, m$），c_{ij} 为 $m \times m$ 阶矩阵 C 的元素（$i=1, 2, \cdots, m$；$j=1, 2, \cdots, m$）。

【参考答案】参考程序如下。

```
1    #include<stdio.h>
2    #define  ROW 10
3    #define  COL 10
4    void InputMatrix(int a[ROW][COL], int m, int n);
5    void MultiplyMatrix(int a[ROW][COL], int b[COL][ROW], int c[ROW][ROW], int m, int
6    n);
7    void PrintMatrix(int a[ROW][COL], int m, int n);
8    int main(void){
9        int a[ROW][COL], b[COL][ROW], c[ROW][ROW];
```

```
10          int m, n;
11          printf("Input m,n:");
12          scanf("%d,%d", &m, &n);
13          printf("Input %d*%d matrix a:\n", m, n);
14          InputMatrix(a, m, n);
15          printf("Input %d*%d matrix b:\n", n, m);
16          InputMatrix(b, n, m);
17          MultiplyMatrix(a, b, c, m, n);
18          printf("Results:\n");
19          PrintMatrix(c, m, m);
20          return 0;
21      }
22      //函数功能：输入矩阵元素，存于数组 a 中
23      void InputMatrix(int a[ROW][COL], int m, int n){
24          for (int i=0; i<m; i++){
25              for (int j=0; j<n; j++){
26                  scanf("%d", &a[i][j]);
27              }
28          }
29      }
30      //    函数功能：计算矩阵 a 与 b 之积，结果存于数组 c 中
31      void MultiplyMatrix(int a[ROW][COL], int b[COL][ROW], int c[ROW][ROW],
32                          int m, int n){
33          for (int i=0; i<m; i++){
34              for (int j=0; j<m; j++){
35                  c[i][j] = 0;        //一定要在这里将 c[i][j]初始化为 0 值
36                  for (int k=0; k<n; k++){
37                      c[i][j] = c[i][j] + a[i][k] * b[k][j];
38                  }
39              }
40          }
41      }
42      //函数功能：输出矩阵 a 中的元素
43      void PrintMatrix(int a[ROW][COL], int m, int n){
44          for (int i=0; i<m; i++){
45              for (int j=0; j<n; j++){
46                  printf("%6d", a[i][j]);
47              }
48              printf("\n");
49          }
50      }
```

程序运行结果如下：

```
Input m,n:3,2✓
Input 3*2 matrix a:
1 2✓
3 4✓
5 6✓
Input 2*3 matrix b:
1 2 3✓
4 5 6✓
Results:
     9    12    15
    19    26    33
    29    40    51
```

6.11 **幻方矩阵检验**。在 $n \times n$ 阶幻方矩阵（$n \leqslant 15$）中，每一行、每一列、每一对角线上的元素之和都是相等的。请编写一个程序，将这些幻方矩阵中的元素读到一个二维整型数组中，然后

检验其是否为幻方矩阵，并将其按如下格式显示到屏幕上。要求先输入矩阵的阶数 n（假设 $n \leqslant 15$），再输入 $n \times n$ 阶矩阵，如果该矩阵是幻方矩阵，则输出 "It is a magic square!"，否则输出 "It is not a magic square!"。

幻方矩阵检验

【参考答案】参考程序 1 如下。

```
1    #include <stdio.h>
2    #define   N  10
3    void ReadMatrix(int x[][N], int n);
4    void PrintMatrix(int x[][N], int n);
5    int IsMagicSquare(int  x[][N], int n);
6    int main(void){
7        int  x[N][N], n;
8        printf("Input n:");
9        scanf("%d", &n);
10       printf("Input %d*%d matrix:\n", n, n);
11       ReadMatrix(x, n);
12       if (IsMagicSquare(x, n)){
13           printf("It is a magic square!\n");
14       }
15       else{
16           printf("It is not a magic square!\n");
17       }
18       return 0;
19   }
20   //函数功能: 判断n×n阶矩阵x是否是幻方矩阵, 是则返回1, 否则返回0
21   int IsMagicSquare(int x[][N], int n){
22       int  rowSum[N], colSum[N];
23       int  flag = 1;
24       for (int i=0; i<n; i++){          //统计每一行上的元素之和
25           rowSum[i] = 0;
26           for (int j=0; j<n; j++){
27               rowSum[i] = rowSum[i] + x[i][j];
28           }
29       }
30       for (int j=0; j<n; j++){          //统计每一列上的元素之和
31           colSum[j] = 0;
32           for (int i=0; i<n; i++){
33               colSum[j] = colSum[j] + x[i][j];
34           }
35       }
36       int diagSum1 = 0;
37       for (int j=0; j<n; j++){          //统计右对角线上的元素之和
38           diagSum1 = diagSum1 + x[j][j];
39       }
40       int diagSum2 = 0;
41       for (int j=0; j<n; j++){          //统计左对角线上的元素之和
42           diagSum2 = diagSum2 + x[j][n-1-j];//或 diagSum2=diagSum2+x[n-1-j][j];
43       }
44       if (diagSum1 != diagSum2){
45           flag = 0;
46       }
47       else{
48           for (int i=0; i<n; i++){
49               if ((rowSum[i] != diagSum1) || (colSum[i] != diagSum1)){
50                   flag = 0;
51               }
```

```
52          }
53      }
54      return flag;
55  }
56  //函数功能：输出 n×n 阶矩阵 x
57  void PrintMatrix(int x[][N], int n){
58      for (int i=0; i<n; i++){
59          for (int j=0; j<n; j++){
60              printf("%4d", x[i][j]);
61          }
62          printf("\n");
63      }
64  }
65  //函数功能：读入 n×n 阶矩阵 x
66  void ReadMatrix(int x[][N], int n){
67      for (int i=0; i<n; i++){
68          for (int j=0; j<n; j++){
69              scanf("%d", &x[i][j]);
70          }
71      }
72  }
```

参考程序 2 如下。

```
1   #include  <stdio.h>
2   #define   N  10
3   void ReadMatrix(int x[][N], int n);
4   void PrintMatrix(int x[][N], int n);
5   int IsMagicSquare(int  x[][N], int n);
6   int main(void){
7       int  x[N][N], n;
8       printf("Input n:");
9       scanf("%d", &n);
10      printf("Input %d*%d matrix:\n", n, n);
11      ReadMatrix(x, n);
12      if (IsMagicSquare(x, n)){
13          printf("It is a magic square!\n");
14          PrintMatrix(x, n);
15      }
16      else{
17          printf("It is not a magic square!\n");
18      }
19      return 0;
20  }
21  //函数功能：判断 n×n 阶矩阵 x 是否是幻方矩阵，是则返回 1，否则返回 0
22  int IsMagicSquare(int  x[][N], int n){
23      static int sum[2*N+1] = {0};
24      for (int i=0; i<n; i++){          //统计每一行上的元素之和
25          sum[i] = 0;
26          for (int j=0; j<n; j++){
27              sum[i] = sum[i] + x[i][j];
28          }
29      }
30      for (int j=n; j<2*n; j++){         //统计每一列上的元素之和
31          sum[j] = 0;
32          for (int i=0; i<n; i++){
33              sum[j] = sum[j] + x[i][j-n];
34          }
35      }
```

```
36      for (int j=0; j<n; j++){          //统计左对角线上的元素之和
37          sum[2*n] = sum[2*n] + x[j][j];
38      }
39      for (int j=0; j<n; j++)            //统计右对角线上的元素之和
40      {
41          sum[2*n+1] = sum[2*n+1] + x[j][n-1-j]; //或加上 x[n-1-j][j]
42      }
43      for (int i=0; i<2*n+1; i++)
44      {
45          if (sum[i+1] != sum[i])
46          {
47              return 0;
48          }
49      }
50      return 1;
51  }
52  //函数功能: 输出 n×n 阶矩阵 x
53  void PrintMatrix(int x[][N], int n)
54  {
55      for (int i=0; i<n; i++)
56      {
57          for (int j=0; j<n; j++)
58          {
59              printf("%4d", x[i][j]);
60          }
61          printf("\n");
62      }
63  }
64  //函数功能: 读入 n×n 阶矩阵 x
65  void ReadMatrix(int x[][N], int n)
66  {
67      for (int i=0; i<n; i++)
68      {
69          for (int j=0; j<n; j++)
70          {
71              scanf("%d", &x[i][j]);
72          }
73      }
74  }
```

程序运行结果 1 如下:

```
Input n:5✓
Input 5*5 matrix:
17   24   1    8    15✓
23   5    7    14   16✓
4    6    13   20   22✓
10   12   19   21   3✓
11   18   25   2    9✓
It is a magic square!
```

程序运行结果 2 如下:

```
Input n:5✓
Input 5*5 matrix:
17   24   1    15   8✓
23   5    7    14   16✓
4    6    13   20   22✓
10   12   19   21   3✓
11   18   25   2    9✓
It is not a magic square!
```

6.12 Fibonacci 数列生成。Fibonacci 数列与杨辉三角之间的关系如图 2-1 所示，请利用这种关系编程生成 Fibonacci 数列。

图 2-1　Fibonacci 数列与杨辉三角之间的关系

【参考答案】参考程序 1 如下。

```
1    #include<stdio.h>
2    #define  N  20
3    void CalculateYH(int a[][N], int n);
4    void PrintYH(int a[][N], int n);
5    void CalculateFib(int a[][N], int fib[], int n);
6    int main(void){
7        int a[N][N] = {0}, f[N], n;
8        printf("Input n(n<=10):");
9        scanf("%d", &n);
10       CalculateYH(a, n);
11       PrintYH(a, n);
12       CalculateFib(a, f, n);
13       return 0;
14   }
15   //函数功能：计算杨辉三角形前 n 行元素的值
16   void CalculateYH(int a[][N], int n){
17       for (int i=0; i<n; i++){
18           for (int j=0; j<=i; j++){
19               if (j==0 || i==j){
20                   a[i][j] = 1;
21               }
22               else{
23                   a[i][j] = a[i-1][j-1] + a[i-1][j];
24               }
25           }
26       }
27   }
28   //函数功能：以直角三角形形式输出杨辉三角形前 n 行元素的值
29   void PrintYH(int a[][N], int n){
30       for (int i=0; i<n; i++){
31           for (int j=0; j<=i; j++){
32               printf("%4d", a[i][j]);
33           }
34           printf("\n");
35       }
36   }
37   //函数功能：从杨辉三角形计算 Fibonacci 数列
38   void CalculateFib(int a[][N], int fib[], int n){
39       int i, j, k;
```

```
40        printf("Fibonacci:");
41        for (i=0; i<n; i++){
42            fib[i] = 0;
43            for (j=i, k=0; j>=0; j--, k++){
44                fib[i] = fib[i] + a[j][k];
45            }
46            printf("%4d", fib[i]);
47        }
48    }
```

参考程序 2 如下。

```
1     #include<stdio.h>
2     #define  N  20
3     void CalculateYH(int a[][N], int n);
4     void PrintYH(int a[][N], int n);
5     void CalculateFib(int a[][N], int fib[], int n);
6     int main(void){
7         int a[N][N] = {0}, f[N], n;
8         printf("Input n(n<=10):");
9         scanf("%d", &n);
10        CalculateYH(a, n);
11        PrintYH(a, n);
12        CalculateFib(a, f, n);
13        return 0;
14    }
15    //函数功能：计算杨辉三角形前 n 行元素的值
16    void CalculateYH(int a[][N], int n){
17        for (int i=0; i<n; i++){
18            a[i][0] = 1;
19            a[i][i] = 1;
20        }
21        for (int i=2; i<n; i++){
22            for (int j=1; j<=i-1; j++){
23                a[i][j] = a[i-1][j-1] + a[i-1][j];
24            }
25        }
26    }
27    //函数功能：以直角三角形形式输出杨辉三角形前 n 行元素的值
28    void PrintYH(int a[][N], int n){
29        for (int i=0; i<n; i++){
30            for (int j=0; j<=i; j++){
31                printf("%4d", a[i][j]);
32            }
33            printf("\n");
34        }
35    }
36    //函数功能：从杨辉三角形计算 Fibonacci 数列
37    void CalculateFib(int a[][N], int fib[], int n){
38        int i, j, k;
39        printf("Fibonacci:");
40        for (i=0; i<n; i++){
41            fib[i] = 0;
42            for (j=i, k=0; j>=0; j--, k++){
43                fib[i] = fib[i] + a[j][k];
44            }
45            printf("%4d", fib[i]);
46        }
47    }
```

程序运行结果如下：

```
Input n(n<20):10↙
1
1   1
1   2   1
1   3   3   1
1   4   6   4   1
1   5   10  10  5   1
1   6   15  20  15  6   1
1   7   21  35  35  21  7   1
1   8   28  56  70  56  28  8   1
1   9   36  84  126 126 84  36  9   1
Fibonacci:  1   1   2   3   5   8   13  21  34  55
```

6.13 **计算鞍点**。请编写一个程序，找出 $m \times n$ 矩阵中的鞍点，即该位置上的元素是该行上的最大值，并且是该列上的最小值。先输入 m 和 n 的值（已知 m 和 n 的值都不超过 10），然后输入 $m \times n$ 矩阵的元素值，最后输出其鞍点。如果矩阵中没有鞍点，则输出 "No saddle point!"。

【参考答案】参考程序如下。

```
1    #include<stdio.h>
2    #define M 10
3    #define N 10
4    void FindSaddlePoint(int a[][N], int m, int n);
5    int main(void){
6        int m, n, a[M][N];
7        do{
8            printf("Input m,n(m,n<=10):");
9            scanf("%d,%d", &m, &n);
10       }while (m>10 || n>10 || m<=0 || n<=0);
11       printf("Input matrix:\n");
12       for (int i=0; i<m; i++){
13           for (int j=0; j<n; j++){
14               scanf("%d", &a[i][j]);
15           }
16       }
17       FindSaddlePoint(a, m, n);
18       return 0;
19   }
20   //函数功能：计算并输出 m*n 矩阵的鞍点
21   void FindSaddlePoint(int a[][N], int m, int n){
22       for (int i=0; i<m; i++){
23           int max = a[i][0];
24           int maxj = 0;
25           for (int j=0; j<n; j++){
26               if (a[i][j] > max){
27                   max = a[i][j];
28                   maxj = j;
29               }
30           }
31           int flag = 1;
32           for (int k=0; k<m&&flag; k++){
33               if (max > a[k][maxj]){
34                   flag = 0;
35               }
36           }
37           if (flag){
38               printf("saddle point: a[%d][%d] is %d\n", i, maxj, max);
39               return;
40           }
41       }
```

```
42        printf("No saddle point!\n");
43        return;
44    }
```

程序运行结果 1 如下：

```
Input m,n(m,n<=10):3,3↙
Input matrix:
4 5 6↙
7 8 9↙
1 2 3↙
saddle point: a[2][2] is 3
```

程序运行结果 2 如下：

```
Input m,n(m,n<=10):2,2↙
Input matrix:
4 1↙
1 2↙
No saddle point!
```

6.14 **用二分法求方程的根**。用二分法求一元三次方程 $x^3 - x - 1 = 0$ 在区间[1, 3]上误差不大于 10^{-6} 的根。先从键盘输入迭代初值 x_0 和允许的误差 ε，然后输出求得的方程根和所需的迭代次数。

【参考答案】用二分法求方程的根的基本原理是：若函数有实根 x^*，则函数曲线应在 x 轴的 $x=x^*$ 这一点上有 $y=0$，并且由于函数是单调的，在根附近的左右区间内，函数值的符号应当相反。利用这一特点，可以通过不断将求根区间二分的方法，每次将求根区间缩小为原来的一半。假设区间端点为 x_1 和 x_2，则通过计算区间的中点 x_0，可将区间[x_1, x_2]二分为[x_1, x_0]和[x_0, x_2]。如果 $f(x_0)$ 与 $f(x_1)$ 异号，则根一定在左区间[x_1, x_0]内，否则根一定在右区间[x_0, x_2]内。在新的折半后的区间内继续搜索方程的根，对根所在区间继续二分，直到 $|f(x_0)| \le \varepsilon$（ε 是一个很小的数，例如 10^{-6}），即 $|f(x_0)| \approx 0$ 时，则认为 x_0 是逼近函数 $f(x)$ 的根。根据这一算法，编写程序如下。

```
1    #include  <stdio.h>
2    #include  <math.h>
3    double Iteration(double x1, double x2, double eps);
4    double Fun(double x);
5    int count = 0;
6    int main(void){
7        double x0, x1, x2, eps;
8        do{
9            printf("Input x1,x2,eps:");
10           scanf("%lf,%lf,%lf", &x1, &x2, &eps);
11       }while (Fun(x1) * Fun(x2) > 0);  //输入两个异号数
12       x0 = Iteration(x1, x2, eps);
13       printf("x=%f\n", x0);
14       printf("count=%d\n", count);
15       return 0;
16   }
17   //函数功能：用二分法计算并返回方程的根
18   double Iteration(double x1, double x2, double eps){
19       double x0;
20       do{
21           x0 = (x1 + x2) / 2;          //计算区间的中点
22           if (Fun(x0) * Fun(x1) < 0){ //若f(x0)与f(x1)是异号的
23               x2 = x0;                 //在左区间[x1, x0]内继续搜索方程的根
24           }
25           else{
26               x1 = x0;                 //在右区间[x0, x2]内继续搜索方程的根
27           }
28           count++;                     //记录迭代次数
```

```
29          }while (fabs(Fun(x0)) >= eps);
30          return x1;                      //返回求出的方程的根
31      }
32      //函数功能：计算 f(x)=x^3-x-1 的函数值
33      double Fun(double x){
34          return x * x * x - x - 1;
35      }
```

程序的运行结果如下：

```
Input x1,x2,eps:1,3,1e-6↙
x=1.324718
count=22
```

6.15 **参赛选手分数统计**。在北京冬季奥运会上，花样滑冰比赛为 9 人裁判制，裁判组的执行分是通过计算 9 个计分裁判的执行分的修正平均值来确定的，即去掉最高分（若有多个相同最高分，只去掉一个）和最低分（若有多个相同最低分，只计算一个）并计算出剩余 7 个裁判的平均分数。假设每个裁判打分为百分制，最低 0 分，最高 100 分，请编程计算某参赛选手的最终比赛分数。

【参考答案】参考程序如下。

```
1    #include <stdio.h>
2    void Input(int x[], int n);
3    int Total(int x[], int n);
4    int FindMaxValue(int x[], int n);
5    int FindMinValue(int x[], int n);
6    int main(void){
7        int  score[9];
8        printf("Input 9 scores:");
9        Input(score, 9);
10       int maxValue = FindMaxValue(score, 9);
11       int minValue = FindMinValue(score, 9);
12       int sum = Total(score, 9);
13       printf("%.2f\n",(float)(sum-maxValue-minValue)/7);
14       return 0;
15   }
16   //函数功能：输入几个评分存入数组 x
17   void Input(int x[], int n){
18       for (int i=0; i<n; i++){
19           scanf("%d", &x[i]);
20       }
21   }
22   //函数功能：返回数组 x 中的最大值
23   int FindMaxValue(int x[], int n){
24       int maxValue = x[0];
25       for (int i=1; i<n; i++){
26           if (x[i] > maxValue){
27               maxValue = x[i];
28           }
29       }
30       return maxValue;
31   }
32   //函数功能：返回数组 x 中的最小值
33   int FindMinValue(int x[], int n){
34       int minValue = x[0];
35       for (int i=1; i<n; i++){
36           if (x[i] < minValue){
37               minValue = x[i];
38           }
```

```
39          }
40          return minValue;
41      }
42      //函数功能：返回数组 x 的元素之和
43      int Total(int x[], int n){
44          int sum = 0;
45          for (int i=0; i<n; i++){
46              sum = sum + x[i];
47          }
48          return sum;
49      }
```

程序运行结果如下：

Input 9 scores:50 100 60 70 80 90 70 80 90✓
77.14

6.16 计算众数。假设有一个长度为 n（假设 n 不超过 20，由用户从键盘输入）的整型数组 a（假设数组元素的范围在 1~10 之间），请编程计算数组中元素的众数。

【参考答案】众数是指在一组数据中出现次数最多的数，统计所有数据在数组中出现的次数，然后计算最大值即可。参考程序如下。

```
1   #include <stdio.h>
2   #define M   20
3   #define N   10
4   int Mode(int answer[], int n);
5   int main(void){
6       int  n, a[M];
7       do{
8           printf("Input n:");
9           scanf("%d", &n);
10      }while (n<=0 || n>20);
11      for (int i=0; i<n; i++){
12          scanf("%d", &a[i]);
13          if (a[i]<1 || a[i]>10){
14              printf("Input error!\n");
15              i--;
16          }
17      }
18      printf("Mode value = %d\n", Mode(a, n));
19      return 0;
20  }
21  //函数功能：返回数组 a 中 n 个元素的众数
22  int Mode(int a[], int n){
23      int max = 0, modeValue = 0, count[N+1] = {0};
24      for (int i=0; i<n; i++){
25          count[a[i]]++;   //统计每个等级的出现次数
26      }
27      //统计出现次数的最大值
28      for (int i=1; i<=N; i++){
29          if (count[i] > max){
30              max = count[i]; //记录出现次数的最大值
31              modeValue = i;  //记录出现次数最多的等级
32          }
33      }
34      return modeValue;
35  }
```

程序运行结果如下：

Input n:10✓

1 2 3 2 4 2 5 2 6 2✓
Mode value = 2

6.17 **计算中位数。** 假设有一个长度为 *n*（假设 *n* 不超过 20，由用户从键盘输入）的整型数组 *a*，请编程计算数组中元素的中位数。中位数是指所有数据排序后正中间的一个数。如果数据有偶数个，通常取最中间的两个数值的平均数作为中位数（取整）。

【参考答案】参考程序如下。

```
1   #include <stdio.h>
2   #define  M    20
3   #define  N    10
4   int Median(int answer[], int n);
5   void DataSort(int a[], int n);
6   int main(void){
7       int  n, a[M];
8       do{
9           printf("Input n:");
10          scanf("%d", &n);
11      }while (n<=0 || n>20);
12      for (int i=0; i<n; i++){
13          scanf("%d", &a[i]);
14          if (a[i]<1 || a[i]>10){
15              printf("Input error!\n");
16              i--;
17          }
18      }
19      printf("Median value = %d\n", Median(a, n));
20      return 0;
21  }
22  //函数功能：返回 n 个数的中位数
23  int Median(int a[], int n){
24      DataSort(a, n);
25      if (n%2 == 0){
26          return  (a[n/2] + a[n/2-1]) / 2;
27      }
28      else{
29          return  a[n/2];
30      }
31  }
32  //函数功能：按选择法对数组 a 中的 n 个元素进行排序
33  void DataSort(int a[], int n){
34      int i, j, k, temp;
35      for (i=0; i<n-1; i++){
36          k = i;
37          for (j=i+1; j<n; j++){
38              if (a[j] > a[k]) k = j;
39          }
40          if (k != i){
41              temp = a[k];
42              a[k] = a[i];
43              a[i] = temp;
44          }
45      }
46  }
```

程序运行结果如下：

Input n:10✓
1 2 3 4 5 6 7 8 9 10✓
Median value = 5

6.18 **数列合并**。已知两个不同长度的升序排列的数列（假设序列的长度都不超过 10），请编程将其合并为一个数列，使合并后的数列仍保持升序排列。要求用户由键盘输入两个数列的长度，并输入两个升序排列的数列，然后输出合并后的数列。

【参考答案】用数组 a 和数组 b 分别保存两个升序排列的数列，用一个循环依次将数组 a 和数组 b 中较小的数存到数组 c 中，当一个较短的序列存完后，再将较长的序列剩余的部分依次保存到数组 c 的末尾。假设两个序列的长度分别是 m 和 n，当第一个循环结束时，若 i 等于 m，则说明数组 a 中的数已经全部保存到了数组 c 中，于是只要将数组 b 中剩余的数存到数组 c 的末尾即可；若 j 等于 n，则说明数组 b 中的数已经全部保存到了数组 c 中，于是只要将数组 a 中剩余的数存到数组 c 的末尾即可。在第一个循环中，用 k 记录往数组 c 中存了多少个数，在第二个循环中，就从 k 这个位置开始继续存储较长序列中剩余的数。

参考程序如下。

```
1   #include <stdio.h>
2   #define M 10
3   #define N 10
4   void Merge(int a[], int b[], int c[], int m, int n);
5   int main(void){
6       int a[N], b[N], c[M+N];
7       int m, n;
8       printf("Input m,n:");
9       scanf("%d,%d", &m, &n);
10      printf("Input array a:");
11      for (int i=0; i<m; i++){
12          scanf("%d", &a[i]);
13      }
14      printf("Input array b:");
15      for (int i=0; i<n; i++){
16          scanf("%d", &b[i]);
17      }
18      Merge(a, b, c, m, n);
19      for (int i=0; i<m+n; i++){
20          printf("%4d", c[i]);
21      }
22      printf("\n");
23      return 0;
24  }
25  //函数功能：将升序排列的数组 a 中的 m 个元素和数组 b 中的 n 个元素合并到数组 c 中
26  void Merge(int a[], int b[], int c[], int m, int n){
27      int i = 0, j = 0, k = 0;
28      while (i < m && j < n){
29          if (a[i] <= b[j]){
30              c[k] = a[i];
31              i++;
32              k++;
33          }
34          else{
35              c[k] = b[j];
36              j++;
37              k++;
38          }
39      }
40      if (i == m){
41          while (k < m + n){
42              c[k] = b[j];
43              k++;
```

```
44              j++;
45          }
46      }
47      else if (j == n){
48          while (k < m + n){
49              c[k] = a[i];
50              k++;
51              i++;
52          }
53      }
54  }
```

程序运行结果 1 如下：

```
Input m,n:4,6↙
Input array a:1 2 9 10↙
Input array b:3 4 5 6 7 8↙
    1   2   3   4   5   6   7   8   9   10
```

程序运行结果 2 如下：

```
Input m,n:6,4↙
Input array a:1 2 5 6 8 9↙
Input array b:3 4 7 10↙
    1   2   3   4   5   6   7   8   9   10
```

6.19 双向冒泡排序。既然冒泡算法既可以从前向后遍历交换，也可以从后向前遍历交换，那么也可以进行双向遍历，即在每一遍中同时从前向后和从后向前遍历，这就是双向冒泡排序算法。请用双向冒泡排序算法重新编写主教材例 6.7 的程序。

【参考答案】通过数组元素进行双向遍历，即在每一遍中同时从前向后和从后向前遍历，来改进冒泡排序算法即为双向冒泡排序。具体算法为：在每一遍比较中，先从前往后遍历，将[low,high]范围内的一个最大数沉底，同时修改 high 使其上移一个位置，再从后往前遍历，将[low,high]范围内的一个最小数上浮，同时修改 low 使其下移一个位置，当 low 不再小于 high 时，算法结束。参考程序如下。

```
1   #include <stdio.h>
2   #define N 40
3   int ReadScore(long num[], float score[]);
4   void BubbleSort(long num[], float score[], int n);
5   void PrintScore(const long num[], const float score[], int n);
6   int main(void){
7       long num[N];
8       float score[N];
9       int n = ReadScore(num, score);//输入数据，直到输入负数为止，返回输入的数据总数
10      printf("Total = %d\n", n);
11      BubbleSort(num, score, n);
12      PrintScore(num, score, n);
13      return 0;
14  }
15  //函数功能：输入学生的学号和成绩，当输入负值时，结束输入，返回学生总数
16  int ReadScore(long num[], float score[]){
17      int i = -1;
18      printf("Input students' IDs and scores:\n");
19      do{
20          i++;
21          scanf("%ld%f", &num[i], &score[i]);
22      }while (num[i] > 0 && score[i] > 0);      //输入负值时结束输入
23      return i;                                 //返回学生总数
24  }
```

```
25    //函数功能：按双向冒泡排序法，对卫星记录数据按载重量进行升序排序
26    void BiBubbleSort(int num[], int weight[], int n){
27        int low = 0, high= n - 1;              //初始搜索范围
28        int temp, j;
29        while (low < high){                    //继续比较的条件
30            for (j=low; j<high; j++){          //正向冒泡，找最大
31                if (weight[j] > weight[j+1]){
32                    temp = num[j];
33                    num[j] = num[j+1];
34                    num[j+1] = temp;
35                    temp = weight[j];
36                    weight[j] = weight[j+1];
37                    weight[j+1] = temp;
38                }
39            }
40            high--;                            //high 前移一位
41            for (j=high; j>low; j--){          //反向冒泡，找最小
42                if (weight[j] < weight[j-1]){
43                    temp = num[j];
44                    num[j] = num[j-1];
45                    num[j-1] = temp;
46                    temp = weight[j];
47                    weight[j] = weight[j-1];
48                    weight[j-1] = temp;
49                }
50            }
51            low++;                             //low 后移一位
52        }
53    }
```

程序运行结果如下：

```
Input students' IDs and scores:
2410126 61 ✓
2410122 84 ✓
2410125 87 ✓
2410124 88 ✓
2410123 93 ✓
-1 -1 ✓
Total = 5
Sorted results:
2410122 84
2410123 93
2410124 88
2410125 87
2410126 61
```

习　题　7

7.1 单选题。

（1）设有语句"int array[3][4];"，则在下面几种引用下标为 i 和 j 的数组元素的方法中，不正确的引用方式是（　　）。

      A.　array[i][j]　　　　　　　　　　B.　*(*(array + i) + j)

      C.　*(array[i] + j)　　　　　　　　　D.　*(array + i*4 + j)

（2）声明语句 int (*p)();的含义是（　　　）。

　　A．p 是一个指向一维数组的指针变量

　　B．p 是指针变量，指向一个整型数据

　　C．p 是一个指向函数的指针，该函数的返回值是一个整型

　　D．以上都不对

（3）声明语句 int *f();的含义是（　　　）。

　　A．f 是一个用于指向整型数据的指针变量

　　B．f 是一个用于指向一维数组的行指针

　　C．f 是一个用于指向函数的指针变量

　　D．f 是一个返回值为指针类型的函数名

【参考答案】（1）D（2）C（3）D

7.2 判断对错题。

（1）指针就是地址。　　　　　　　　　　　　　　　　　　　　　　　　　（　　）

（2）指针变量必须初始化才能使用，否则其指向是不确定的，可能引起非法内存访问。

（　　）

（3）指针变量只能指向同一基类型的变量或数组。　　　　　　　　　　　（　　）

（4）指针变量可参与任何算术运算、关系运算和赋值运算。　　　　　　　（　　）

（5）指针变量加 1 就是加上一个字节。　　　　　　　　　　　　　　　　（　　）

【参考答案】（1）错误（2）正确（3）正确（4）错误（5）错误

7.3 请分析判断下面两个 Swap()函数能否实现两数互换。

```
1    void Swap(int *x, int *y){
2        int *pTemp;
3        pTemp = x;
4        x = y;
5        y = pTemp;
6    }
```

```
1    void Swap(int *x, int *y){
2        int *pTemp;
3        *pTemp = *x;
4        *x = *y;
5        *y = *pTemp;
6    }
```

【参考答案】第一个 Swap()函数交换的是 x 和 y 的值，即交换了指针变量 x 和 y 的指向，不能交换指针变量 x 和 y 指向的存储单元中的数据值。第二个 Swap()函数没有对 pTemp 指针变量进行初始化就对其进行写操作，会导致非法内存访问错误。

7.4 日期转换 V1。输入某年某月某日，用如下函数原型编程计算并输出它是这一年的第几天。

```
void DayofYear(int year, int month, int *pDay);
```

【参考答案】参考程序如下。

```
1    #include <stdio.h>
2    void DayofYear(int year, int month, int *pDay);
3    int IsLeapYear(int y);
4    int IsLegalDate(int year, int month, int day);
5    int main(void){
6        int n, year, month, day;
7        do{
```

```
8          printf("Input year,month,day:");
9          n = scanf("%d,%d,%d", &year, &month, &day);
10         if (n != 3) while (getchar() != '\n');
11      } while (n!=3 || !IsLegalDate(year, month, day));
12      DayofYear(year, month, &day);
13      printf("yearDay = %d\n", day);
14      return 0;
15  }
16  //函数功能：计算从当年 1 月 1 日起到日期的天数（即当年的第几天）
17  void DayofYear(int year, int month, int *pDay){
18      int dayofmonth[2][12]={{31,28,31,30,31,30,31,31,30,31,30,31},
19                             {31,29,31,30,31,30,31,31,30,31,30,31}
20                            };
21      int leap = IsLeapYear(year);
22      for (int i=1; i<month; i++){
23          *pDay = *pDay + dayofmonth[leap][i-1];
24      }
25  }
26  //函数功能：判断 y 是否是闰年，若是，则返回 1，否则返回 0
27  int IsLeapYear(int y){
28      return ((y%4==0&&y%100!=0) || (y%400==0)) ? 1 : 0;
29  }
30  //函数功能：判断日期是否合法，若合法，则返回 1，否则返回 0
31  int IsLegalDate(int year, int month, int day){
32      int dayofmonth[2][12]= {{31,28,31,30,31,30,31,31,30,31,30,31},
33                              {31,29,31,30,31,30,31,31,30,31,30,31}
34                             };
35      if (year<1 || month<1 || month>12 || day<1)  return 0;
36      int leap = IsLeapYear(year) ? 1 : 0;
37      return day > dayofmonth[leap][month-1] ? 0 : 1;
38  }
```

程序运行结果 1 如下：

```
Input year,month,day:2016,3,1↙
yearDay = 61
```

程序运行结果 2 如下：

```
Input year,month,day:2015,3,1↙
yearDay = 60
```

程序运行结果 3 如下：

```
Input year,month,day:2000,3,1↙
yearDay = 61
```

程序运行结果 4 如下：

```
Input year,month,day:2100,3,1↙
yearDay = 60
```

7.5 **日期转换 V2**。输入某一年的第几天，用如下函数原型编程计算并输出它是这一年的第几月第几日。

```
void MonthDay(int year, int yearDay, int *pMonth, int *pDay);
```

【参考答案】参考程序如下。

```
1   #include <stdio.h>
2   void MonthDay(int year, int yearDay, int *pMonth, int *pDay);
3   int IsLeapYear(int y);
4   int main(void){
5       int year, month, day, yearDay, n;
6       do{
7           printf("Input year,yearDay:");
8           n = scanf("%d,%d", &year, &yearDay);
```

```
9          if (n != 2) while (getchar() != '\n');
10      } while (n!=2 || year<0 || yearDay<1 || yearDay>366);
11      MonthDay(year, yearDay, &month, &day);
12      printf("month = %d,day = %d\n", month, day);
13      return 0;
14  }
15  //函数功能：对给定的某一年的第几天，计算并返回它是这一年的第几月第几日
16  void MonthDay(int year, int yearDay, int *pMonth, int *pDay){
17      int dayofmonth[2][12]={{31,28,31,30,31,30,31,31,30,31,30,31},
18                             {31,29,31,30,31,30,31,31,30,31,30,31}
19                            };
20      int leap = IsLeapYear(year);
21      for (int i=1; yearDay>dayofmonth[leap][i-1]; i++){
22          yearDay = yearDay - dayofmonth[leap][i-1];
23      }
24      *pMonth = i;            //将计算出的月份值赋值给 pMonth 所指向的变量
25      *pDay = yearDay;        //将计算出的日号赋值给 pDay 所指向的变量
26  }
27  //函数功能：判断 y 是否是闰年，若是，则返回 1，否则返回 0
28  int IsLeapYear(int y){
29      return ((y%4==0&&y%100!=0) || (y%400==0)) ? 1 : 0;
30  }
```

程序运行结果 1 如下：

```
Input year,yearDay:2016,61↙
month = 3,day = 1
```

程序运行结果 2 如下：

```
Input year,yearDay:2015,60↙
month = 3,day = 1
```

程序运行结果 3 如下：

```
Input year,yearDay:2100,60↙
month = 3,day = 1
```

程序运行结果 4 如下：

```
Input year,yearDay:2000,61↙
month = 3,day = 1
```

7.6 计算矩阵最大值及其位置。请编写一个程序，计算 $m \times n$ 矩阵中元素的最大值及其所在的行列下标值。先输入 m 和 n 的值（已知 m 和 n 的值都不超过 10），然后输入 $m \times n$ 矩阵的元素值，最后输出其最大值及其所在的行列下标值。

【参考答案】参考程序如下。

```
1   #include <stdio.h>
2   #define M 10
3   #define N 10
4   void InputMatrix(int *p, int m, int n);
5   int FindMax(int *p, int m, int n, int *pRow, int *pCol);
6   int main(void){
7       int a[M][N], m, n, row, col, max;
8       do{
9           printf("Input m,n(m,n<=10):");
10          scanf("%d,%d", &m, &n);
11      }while (m>10 || n>10 || m<=0 || n<=0);
12      InputMatrix(*a, m, n);
13      max = FindMax(*a, m, n, &row, &col);
14      printf("max=%d,row=%d,col=%d\n", max, row, col);
15      return 0;
16  }
```

```
17   //函数功能：输入 m*n 矩阵的值
18   void InputMatrix(int *p, int m, int n){
19       printf("Input %d*%d array:\n", m, n);
20       for (int i=0; i<m; i++){
21           for (int j=0; j<n; j++){
22               scanf("%d", &p[i*n+j]);
23           }
24       }
25   }
26   //函数功能：在 m*n 矩阵中查找最大值及其所在的行列号
27   //         函数返回最大值，pRow 和 pCol 分别返回最大值所在的行列下标
28   int FindMax(int *p, int m, int n, int *pRow, int *pCol){
29       int max = p[0];
30       *pRow = 0;
31       *pCol = 0;
32       for (int i=0; i<m; i++){
33           for (int j=0; j<n; j++){
34               if (p[i*n+j] > max){
35                   max = p[i*n+j];
36                   *pRow = i;          //记录行下标
37                   *pCol = j;          //记录列下标
38               }
39           }
40       }
41       return max;
42   }
```

程序运行结果如下：

```
Input m,n(m,n<=10):3,4↙
Input 3*4 array:
1 2 3 4↙
5 6 7 8↙
9 10 11 12↙
max=12,row=2,col=3
```

7.7 排序函数重写。 利用主教材例 7.2 中的函数 Swap2()，重写第 6 章例 6.7、例 6.8、例 6.9 中的代码，即分别用冒泡法、交换法和选择法编写排序函数。

【参考答案】参考程序 1 如下。

```
1    #include <stdio.h>
2    #define N 40
3    int ReadScore(long num[], float score[]);
4    void BubbleSort(long num[], float score[], int n);
5    void SwapLong(long *x, long *y);
6    void SwapFloat(float *x, float *y);
7    void PrintScore(const long num[], const float score[], int n);
8    int main(void){
9        long num[N];
10       float score[N];
11       int n = ReadScore(num, score);      //输入数据，直到输入负数为止，返回输入的数据总数
12       printf("Total = %d\n", n);
13       BubbleSort(num, score, n);
14       PrintScore(num, score, n);
15       return 0;
16   }
17   //函数功能：输入学生的学号和成绩，当输入负值时，结束输入，返回学生总数
18   int ReadScore(long num[], float score[]){
19       int i = -1;
20       printf("Input students' IDs and scores:\n");
```

```
21      do{
22          i++;
23          scanf("%ld%f", &num[i], &score[i]);
24      }while (num[i] > 0 && score[i] > 0);        //输入负值时结束输入
25      return i;                                    //返回学生总数
26  }
27  //函数功能：按冒泡法，对学生记录数据按学号进行升序排序
28  void BubbleSort(long num[], float score[], int n){
29      for (int i=0; i<n-1; i++){
30          for (int j=n-1; j>i; j--){              //从后往前两两比较，小的数前移
31              if (num[j] < num[j-1]){             //按学号进行升序排序
32                  SwapLong(&num[j], &num[j-1]);
33                  SwapFloat(&score[j], &score[j-1]);
34              }
35          }
36      }
37  }
38  //函数功能：交换两个整型数 x 和 y
39  void  SwapLong(long *x, long *y){
40      long  temp;
41      temp = *x;
42      *x = *y;
43      *y = temp;
44  }
45  //函数功能：交换两个浮点型数 x 和 y
46  void  SwapFloat(float *x, float *y){
47      float  temp;
48      temp = *x;
49      *x = *y;
50      *y = temp;
51  }
52  //函数功能：输出学生的学号和成绩
53  void PrintScore(const long num[], const float score[], int n){
54      printf("Sorted results:\n");
55      for (int i=0; i<n; i++){
56          printf("%ld\t%.0f\n", num[i], score[i]);
57      }
58  }
```

参考程序 2 如下。

```
1   #include <stdio.h>
2   #define N 40
3   int ReadScore(long num[], float score[]);
4   void ExchangeSort(long num[], float score[], int n);
5   void SwapLong(long *x, long *y);
6   void SwapFloat(float *x, float *y);
7   void PrintScore(const long num[], const float score[], int n);
8   int main(void){
9       long num[N];
10      float score[N];
11      int n = ReadScore(num, score);          //输入数据，直到输入负数为止，返回输入的数据总数
12      printf("Total = %d\n", n);
13      ExchangeSort(num, score, n);
14      PrintScore(num, score, n);
15      return 0;
16  }
17  //函数功能：输入学生的学号和成绩，当输入负值时，结束输入，返回学生总数
18  int ReadScore(long num[], float score[]){
19      int i = -1;
```

```
20        printf("Input students' IDs and scores:\n");
21        do{
22            i++;
23            scanf("%ld%f", &num[i], &score[i]);
24        }while (num[i] > 0 && score[i] > 0);      //输入负值时结束输入
25        return i;                                 //返回学生总数
26    }
27    //函数功能：按交换法，对学生记录数据按学号进行升序排序
28    void ExchangeSort(long num[], float score[], int n){
29        for (int i=0; i<n-1; i++){
30            for (int j=i+1; j<n; j++){
31                if (num[j] < num[i]){             //按学号进行升序排序
32                    SwapLong(&num[j], &num[i]);
33                    SwapFloat(&score[j], &score[i]);
34                }
35            }
36        }
37    }
38    //函数功能：交换两个整型数 x 和 y
39    void  SwapLong(long *x, long *y){
40        long  temp;
41        temp = *x;
42        *x = *y;
43        *y = temp;
44    }
45    //函数功能：交换两个浮点型数 x 和 y
46    void  SwapFloat(float *x, float *y){
47        float  temp;
48        temp = *x;
49        *x = *y;
50        *y = temp;
51    }
52    //函数功能：输出学生的学号和成绩
53    void PrintScore(const long num[], const float score[], int n){
54        printf("Sorted results:\n");
55        for (int i=0; i<n; i++){
56            printf("%ld\t%.0f\n", num[i], score[i]);
57        }
58    }
```

参考程序 3 如下。

```
1     #include <stdio.h>
2     #define N 40
3     int ReadScore(long num[], float score[]);
4     void SelectionSort(long num[], float score[], int n);
5     void SwapLong(long *x, long *y);
6     void SwapFloat(float *x, float *y);
7     void PrintScore(const long num[], const float score[], int n);
8     int main(void){
9         long num[N];
10        float score[N];
11        int n = ReadScore(num, score);  //输入数据，直到输入负数为止，返回输入的数据总数
12        printf("Total = %d\n", n);
13        SelectionSort(num, score, n);
14        PrintScore(num, score, n);
15        return 0;
16    }
17    //函数功能：输入学生的学号和成绩，当输入负值时，结束输入，返回学生总数
18    int ReadScore(long num[], float score[]){
```

```
19        int i = -1;
20        printf("Input students' IDs and scores:\n");
21        do{
22            i++;
23            scanf("%ld%f", &num[i], &score[i]);
24        }while (num[i] > 0 && score[i] > 0);      //输入负值时结束输入
25        return i;                                  //返回学生总数
26    }
27    //函数功能：按选择法，对学生记录数据按学号进行升序排序
28    void SelectionSort(long num[], float score[], int n){
29        for (int i=0; i<n-1; i++){
30            int k = i;
31            for (int j=i+1; j<n; j++){
32                if (num[j] < num[k]){              //按学号进行升序排序
33                    k = j;                         //记录最小数下标位置
34                }
35            }
36            if (k != i){                           //若最大数所在的下标位置不在下标位置 i
37                SwapLong(&num[k], &num[i]);
38                SwapFloat(&score[k], &score[i]);
39            }
40        }
41    }
42    //函数功能：交换两个整型数 x 和 y
43    void SwapLong(long *x, long *y){
44        long  temp;
45        temp = *x;
46        *x = *y;
47        *y = temp;
48    }
49    //函数功能：交换两个浮点型数 x 和 y
50    void SwapFloat(float *x, float *y){
51        float  temp;
52        temp = *x;
53        *x = *y;
54        *y = temp;
55    }
56    //函数功能：输出学生的学号和成绩
57    void PrintScore(const long num[], const float score[], int n){
58        printf("Sorted results:\n");
59        for (int i=0; i<n; i++){
60            printf("%ld\t%.0f\n", num[i], score[i]);
61        }
62    }
```

程序运行结果如下：

```
Input students' IDs and scores:
2410126 61 ✓
2410122 84 ✓
2410125 87 ✓
2410124 88 ✓
2410123 93 ✓
-1 -1 ✓
Total = 5
Sorted results:
2410122 84
2410123 93
2410124 88
2410125 87
```

2410126 61

7.8 *n*×*n* 阶矩阵的转置矩阵。利用主教材例 7.2 中的函数 Swap2()，分别按如下函数原型编程计算并输出 *n*×*n* 阶矩阵的转置矩阵。其中，*n* 由用户从键盘输入。已知 *n* 值不超过 10。

```
void Transpose(int a[][N], int n);
void Transpose(int *a, int n);
```

【参考答案】参考程序 1 如下。

```
1    #include <stdio.h>
2    #define N 10
3    void Swap(int *x, int *y);
4    void Transpose(int a[][N], int n);
5    void InputMatrix(int a[][N], int n);
6    void PrintMatrix(int a[][N], int n);
7    int main(void){
8        int s[N][N], n;
9        printf("Input n:");
10       scanf("%d", &n);
11       printf("Input %d*%d matrix:\n", n, n);
12       InputMatrix(s, n);
13       Transpose(s, n);
14       printf("The transposed matrix is:\n");
15       PrintMatrix(s, n);
16       return 0;
17   }
18   //函数功能：交换两个整型数的值
19   void  Swap(int *x, int *y){
20       int  temp;
21       temp = *x;
22       *x = *y;
23       *y = temp;
24   }
25   //函数功能：用二维数组做函数参数，计算 n*n 矩阵的转置矩阵
26   void Transpose(int a[][N], int n){
27       for (int i=0; i<n; i++){
28           for (int j=i; j<n; j++){
29               Swap(&a[i][j], &a[j][i]);
30           }
31       }
32   }
33   //函数功能：输入 n*n 矩阵的值
34   void InputMatrix(int a[][N], int n){
35       for (int i=0; i<n; i++){
36           for (int j=0; j<n; j++){
37               scanf("%d", &a[i][j]);
38           }
39       }
40   }
41   //函数功能：输出 n*n 矩阵的值
42   void PrintMatrix(int a[][N], int n){
43       for (int i=0; i<n; i++){
44           for (int j=0; j<n; j++){
45               printf("%d\t", a[i][j]);
46           }
47           printf("\n");
48       }
49   }
```

参考程序 2 如下。

```
1    #include <stdio.h>
```

```
 2    #define N 10
 3    void Swap(int *x, int *y);
 4    void Transpose(int *a, int n);
 5    void InputMatrix(int *a, int n);
 6    void PrintMatrix(int *a, int n);
 7    int main(void){
 8        int s[N][N], n;
 9        printf("Input n:");
10        scanf("%d", &n);
11        printf("Input %d*%d matrix:\n", n, n);
12        InputMatrix(*s, n);
13        Transpose(*s, n);
14        printf("The transposed matrix is:\n");
15        PrintMatrix(*s, n);
16        return 0;
17    }
18    //函数功能：交换两个整型数的值
19    void Swap(int *x, int *y){
20        int  temp;
21        temp = *x;
22        *x = *y;
23        *y = temp;
24    }
25    //函数功能：用二维数组的列指针做函数参数，计算 n*n 矩阵的转置矩阵
26    void Transpose(int *a, int n){
27        for (int i=0; i<n; i++){
28            for (int j=i; j<n; j++){
29                Swap(&a[i*n+j], &a[j*n+i]);
30            }
31        }
32    }
33    //函数功能：输入 n*n 矩阵的值
34    void InputMatrix(int *a, int n){
35        for (int i=0; i<n; i++){
36            for (int j=0; j<n; j++){
37                scanf("%d", &a[i*n+j]);
38            }
39        }
40    }
41    //函数功能：输出 n*n 矩阵的值
42    void PrintMatrix(int *a, int n){
43        for (int i=0; i<n; i++){
44            for (int j=0; j<n; j++){
45                printf("%d\t", a[i*n+j]);
46            }
47            printf("\n");
48        }
49    }
```

程序运行结果如下：

```
Input n:3✓
Input 3*3 matrix:
1 2 3✓
4 5 6✓
7 8 9✓
The transposed matrix is:
1    4    7
2    5    8
3    6    9
```

7.9 *m×n* 阶矩阵的转置矩阵。在习题 7.8 的基础上，分别按如下函数原型编程计算并输出 *m×n* 阶矩阵的转置矩阵。其中，*m* 和 *n* 的值由用户从键盘输入。已知 *m* 和 *n* 的值都不超过 10。

```
void Transpose(int a[][N], int at[][M], int m, int n);
void Transpose(int *a, int *at, int m, int n);
```

【参考答案】参考程序 1 如下。

```
1    #include <stdio.h>
2    #define M 10
3    #define N 10
4    void Transpose(int a[][N], int at[][M], int m, int n);
5    void InputMatrix(int a[][N], int m, int n);
6    void PrintMatrix(int at[][M], int n, int m);
7    int main(void){
8        int s[M][N], st[N][M], m, n;
9        printf("Input m,n:");
10       scanf("%d,%d", &m, &n);
11       printf("Input %d*%d matrix:\n", m, n);
12       InputMatrix(s, m, n);
13       Transpose(s, st, m, n);
14       printf("The transposed matrix is:\n");
15       PrintMatrix(st, n,  m);
16       return 0;
17   }
18   //函数功能：用二维数组做函数参数，计算m*n矩阵a的转置矩阵at
19   void Transpose(int a[][N], int at[][M], int m, int n){
20       for (int i=0; i<m; i++){
21           for (int j=0; j<n; j++){
22               at[j][i] = a[i][j];
23           }
24       }
25   }
26   //函数功能：输入m*n矩阵a的值
27   void InputMatrix(int a[][N], int m, int n){
28       for (int i=0; i<m; i++){
29           for (int j=0; j<n; j++){
30               scanf("%d", &a[i][j]);
31           }
32       }
33   }
34   //函数功能：输出n*m矩阵at的值
35   void PrintMatrix(int at[][M], int n, int m){
36       for (int i=0; i<n; i++){
37           for (int j=0; j<m; j++){
38               printf("%d\t", at[i][j]);
39           }
40           printf("\n");
41       }
42   }
```

参考程序 2 如下。

```
1    #include <stdio.h>
2    #define M 10
3    #define N 10
4    void Transpose(int *a, int *at, int m, int n);
5    void InputMatrix(int *a, int m, int n);
6    void PrintMatrix(int *at, int n, int m);
7    int main(void){
8        int s[M][N], st[N][M], m, n;
9        printf("Input m, n:");
```

```
10          scanf("%d,%d", &m, &n);
11          printf("Input %d*%d matrix:\n", m, n);
12          InputMatrix(*s, m, n);
13          Transpose(*s, *st, m, n);
14          printf("The transposed matrix is:\n");
15          PrintMatrix(*st, n, m);
16          return 0;
17      }
18      //函数功能：用二维数组的列指针作为函数，计算 m*n 矩阵 a 的转置矩阵 at
19      void Transpose(int *a, int *at, int m, int n){
20          for (int i=0; i<m; i++){
21              for (int j=0; j<n; j++){
22                  at[j*m+i] = a[i*n+j];
23              }
24          }
25      }
26      //函数功能：输入 m*n 矩阵 a 的值
27      void InputMatrix(int *a, int m, int n){
28          for (int i=0; i<m; i++){
29              for (int j=0; j<n; j++){
30                  scanf("%d", &a[i*n+j]);
31              }
32          }
33      }
34      //函数功能：输出 n*m 矩阵 at 的值
35      void PrintMatrix(int *at, int n, int m){
36          for (int i=0; i<n; i++){
37              for (int j=0; j<m; j++){
38                  printf("%d\t", at[i*m+j]);
39              }
40              printf("\n");
41          }
42      }
```

程序运行结果如下：

```
Input m,n:3,4✓
Input 3*4 matrix:
1 2 3 4✓
5 6 7 8✓
9 10 11 12✓
The transposed matrix is:
1       5       9
2       6       10
3       7       11
4       8       12
```

寻找最大值

7.10 **寻找最大值**。按如下函数原型编程从键盘输入一个 m 行 n 列的二维数组，然后计算数组中元素的最大值及其所在的行列下标值。其中，m 和 n 的值由用户键盘输入。已知 m 和 n 的值都不超过 10。

```
void InputArray(int *p, int m, int n);
int  FindMax(int *p, int m, int n, int *pRow, int *pCol);
```

【参考答案】参考程序如下。

```
1      #include <stdio.h>
2      #define M 10
3      #define N 10
4      void InputMatrix(int *p, int m, int n);
5      int FindMax(int *p, int m, int n, int *pRow, int *pCol);
6      int main(void){
```

```
7       int a[M][N], m, n, row, col;
8       do{
9           printf("Input m,n(m,n<=10):");
10          scanf("%d,%d", &m, &n);
11      }while (m>10 || n>10 || m<=0 || n<=0);
12      printf("Input %d*%d array:\n", m, n);
13      InputMatrix(*a, m, n);
14      int max = FindMax(*a, m, n, &row, &col);
15      printf("max=%d,row=%d,col=%d\n", max, row, col);
16      return 0;
17  }
18  //函数功能: 输入 m*n 矩阵的值
19  void InputMatrix(int *p, int m, int n){
20      for (int i=0; i<m; i++){
21          for (int j=0; j<n; j++){
22              scanf("%d", &p[i*n+j]);
23          }
24      }
25  }
26  //函数功能: 在 m*n 矩阵中查找最大值及其所在的行列号
27  //          函数返回最大值, pRow 和 pCol 分别返回最大值所在的行列下标
28  int FindMax(int *p, int m, int n, int *pRow, int *pCol){
29      int max = p[0];
30      *pRow = 0;
31      *pCol = 0;
32      for (int i=0; i<m; i++){
33          for (int j=0; j<n; j++){
34              if (p[i*n+j] > max){
35                  max = p[i*n+j];
36                  *pRow = i;               //记录行下标
37                  *pCol = j;               //记录列下标
38              }
39          }
40      }
41      return max;
42  }
```

程序运行结果如下:

```
Input m,n(m,n<=10):3,4✓
Input 3*4 array:
1 2 3 4✓
2 3 4 5✓
9 8 7 6✓
max=9,row=2,col=0
```

7.11 **通用的排序函数**。使用函数指针做函数参数, 编写一个通用的排序函数, 重写主教材第 6 章例 6.7 的代码, 使其既能对成绩按学号进行升序排序, 也能对成绩按学号进行降序排序。

【参考答案】参考程序如下。

```
1   #include <stdio.h>
2   #define N 40
3   int ReadScore(long num[], float score[]);
4   void BubbleSort(long num[], float score[], int n, int (*compare)(long,long));
5   void SwapLong(long *x, long *y);
6   void SwapFloat(float *x, float *y);
7   int Ascending(long a, long b);
8   int Descending(long a, long b);
9   void PrintScore(const long num[], const float score[], int n);
10  // 主函数
```

```
11    int main(void){
12        long num[N];
13        float score[N];
14        int n = ReadScore(num, score);        //输入数据，直到输入负数为止，返回输入的数据总数
15        printf("Total = %d\n", n);
16        BubbleSort(num, score, n, Ascending);
17        printf("Sorted results in ascending order:\n");
18        PrintScore(num, score, n);
19        BubbleSort(num, score, n, Descending);
20        printf("Sorted results in descending order:\n");
21        PrintScore(num, score, n);
22        return 0;
23    }
24    //函数功能：输入学生的学号和成绩，当输入负值时，结束输入，返回学生总数
25    int ReadScore(long num[], float score[]){
26        int i = -1;
27        printf("Input students' IDs and scores:\n");
28        do{
29            i++;
30            scanf("%ld%f", &num[i], &score[i]);
31        }while (num[i] > 0 && score[i] > 0);        //输入负值时结束输入
32        return i;                                    //返回学生总数
33    }
34    //函数功能：按冒泡法，根据函数指针决定对学生记录数据按学号进行升序或者降序排序
35    void BubbleSort(long num[], float score[], int n, int (*compare)(long,long)){
36        for (int i=0; i<n-1; i++){
37            for (int j=n-1; j>i; j--){              //从后往前两两比较，小的数前移
38                if ((*compare)(num[j], num[j-1])){  //按学号进行升序或者降序排序
39                    SwapLong(&num[j], &num[j-1]);
40                    SwapFloat(&score[j], &score[j-1]);
41                }
42            }
43        }
44    }
45    //函数功能：交换两个整型数 x 和 y
46    void  SwapLong(long *x, long *y){
47        long  temp;
48        temp = *x;
49        *x = *y;
50        *y = temp;
51    }
52    //函数功能：交换两个浮点型数 x 和 y
53    void  SwapFloat(float *x, float *y){
54        float  temp;
55        temp = *x;
56        *x = *y;
57        *y = temp;
58    }
59    //函数功能：返回值为真则升序
60    int Ascending(long a, long b){
61        return a < b; //为真则升序
62    }
63    //函数功能：返回值为真则降序
64    int Descending(long a, long b){
65        return a > b; //为真则降序
66    }
67    //函数功能：输出学生的学号和成绩
68    void PrintScore(const long num[], const float score[], int n){
```

```
69    for (int i=0; i<n; i++){
70        printf("%ld\t%.0f\n", num[i], score[i]);
71    }
72 }
```

程序运行结果如下：

```
Input students' IDs and scores:
2410126 61↙
2410122 84↙
2410125 87↙
2410124 88↙
2410123 93↙
-1 -1↙
Total = 5
Sorted results in ascending order:
2410122 84
2410123 93
2410124 88
2410125 87
2410126 61
Sorted results in descending order:
2410126 61
2410125 87
2410124 88
2410123 93
2410122 84
```

习 题 8

8.1 单选题。

（1）下列对字符串的定义中，错误的是（   ）。

    A. char   str[7] = "program";

    B. char   str[] = "program";

    C. char   *str = "program";

    D. char   str[] = {'p','r','o','g','r','a','m','\0'};

【参考答案】A

（2）有 int *p[10];以下说法错误的是（   ）。

    A. p 是数组名

    B. p 是一个指针数组

    C. 数组 p 中的每个元素都是一个 int 型指针

    D. p++是合法的操作

【参考答案】D

（3）假设 s1 和 s2 已定义为字符指针并分别指向了两个字符串，若要求：当 s1 所指向的字符串大于 s2 所指向的字符串时，执行语句 S；则以下选项中正确的是（   ）。

    A. if (s1>s2) S;　　　　　　　　　　B. if (strcmp(s1,s2)) S;

    C. if (strcmp(s2,s1)>0) S;　　　　　　D. if (strcmp(s1,s2)>0) S;

【参考答案】D

（4）下述对 C 语言字符数组的描述中，错误的是（　　　）。

    A. 当字符指针指向字符数组中的字符串时，可通过字符指针对字符串进行修改

    B. 当字符指针指向一个常量字符串时，不能通过字符指针对字符串进行修改

    C. 字符数组中的字符串可以进行整体输入输出

    D. 可以在赋值语句中通过赋值运算符 "=" 对字符数组进行整体赋值

【参考答案】D

（5）字符串"\"I love C,\" said the student."在内存中占的字节数为（　　　）。

    A. 29   B. 30   C. 31   D. 32

【参考答案】B

8.2 判断对错题。

（1）字符串结束符就是字符 0。   （　　　）

（2）用 strlen()函数计算的字符串的长度是包括字符串结束符在内的字符串长度。（　　　）

（3）用 scanf()的%s 格式符和用 gets()函数都能输入带空格的字符串。   （　　　）

（4）用 strcmp()比较字符串的大小就是比较字符串的长度。   （　　　）

（5）字符串都是以'\0'为字符串结束符。   （　　　）

【参考答案】（1）错误（2）正确（3）错误（4）错误（5）正确

8.3 **字符类型统计**。从键盘任意输入一个字符，编程判断该字符是数字字符、大写字母、小写字母、空格还是其他字符。

【参考答案】参考程序如下。

```
1   #include <stdio.h>
2   int main(void){
3       char ch = getchar();
4       if ((ch >= 'a' && ch <= 'z') || (ch >= 'A' && ch <= 'Z')){
5           printf("It is an English character!\n");
6       }
7       else if (ch <= '9' && ch >= '0'){
8           printf("It is a digit character!\n");
9       }
10      else if (ch == ' '){
11          printf("It is a space character!\n");
12      }
13      else{
14          printf("It is other character!\n");
15      }
16      return 0;
17  }
```

程序运行结果 1 如下：

A✓

It is an English character!

程序运行结果 2 如下：

5✓

It is a digit character!

程序运行结果 3 如下：

✓

It is a space character!

程序运行结果 3 如下：

}✓

It is other character!

8.4 计算字符串的长度。请利用指针相减运算来计算字符数组中不包含'\0'在内的实际字符的个数。

【参考答案】参考程序如下。

```
1    #include <stdio.h>
2    #include <string.h>
3    #define N 20
4    unsigned int MyStrlen(const char *pStr);
5    int main(void){
6        char input[N+1];
7        gets(input);
8        printf("%d\n", strlen(input));   //输出用 strlen()计算的字符串长度
9        printf("%d\n", MyStrlen(input));//输出用 MyStrlen()计算的字符串长度
10       return 0;
11   }
12   //函数功能: 计算并返回字符串长度
13   unsigned int MyStrlen(const char *pStr){
14       const char *start = pStr;
15       while (*pStr != '\0'){
16           pStr++;
17       }
18       return pStr - start;
19   }
```

程序运行结果如下:

ABCDEF↙
6
6

8.5 最牛微信。请用字符指针做函数参数，重新编写主教材例 8.1 程序。

【参考答案】用字符指针做函数参数重新编写例 8.1 的程序代码如下。

```
1    #include <stdio.h>
2    #include <string.h>
3    #define N 80
4    int LetterSum(char *str);
5    int main(void){
6        char a[N+1];
7        printf("Input a word:");
8        gets(a);
9        int sum = LetterSum(a);
10       if (sum != -1){
11           printf("%s=%d%%\n", a, sum);
12       }
13       else{
14           printf("Input error!\n");
15       }
16       return 0;
17   }
18   //函数功能: 将 str 指向的字符串转换为英文字母对应的编号数字, 然后累加求和并返回
19   int LetterSum(char *str){
20       int sum = 0;
21       for (; *str!='\0'; str++){
22           if (*str >= 'a' && *str <= 'z'){          //判断*str 是否为小写英文字符
23               sum += *str - 'a' + 1;
24           }
25           else if (*str >= 'A' && *str <= 'Z'){      //判断*str 是否为大写英文字符
26               sum += *str - 'A' + 1;
```

```
27              }
28          else{
29              return -1;
30          }
31      }
32      return sum;
33  }
```

程序的运行结果如下：

Input a word:attitude✓
attitude=100%

8.6 英文字符串逆序 V1.0。请按如下函数原型重写主教材例 8.2 的字符串逆序程序。

`void Reverse(const char original[], char reverse[]);`

【参考答案】参考程序如下。

```
1   #include <stdio.h>
2   #include <string.h>
3   #define N 20
4   void Reverse(const char original[], char reverse[]);
5   int main(void){
6       char input[N+1], reverse[N+1];
7       gets(input);
8       Reverse(input, reverse);              //字符数组名做函数实参，向被调函数传递字符串
9       puts(reverse);
10      return 0;
11  }
12  //函数功能：实现字符串逆序，将字符数组 original 的逆序字符串保存在 reverse 中
13  void Reverse(const char original[], char reverse[]){
14      int len = strlen(original);           //计算字符串 original 的实际长度
15      for (int i=0; original[i]!='\0'; i++){ //或者for (i=0; i<len; i++)
16          reverse[i] = original[len-i-1];
17      }
18      reverse[len] = '\0';                  //在逆序字符串的末尾添加一个字符串结束标志
19  }
```

程序的运行结果如下：

compare✓
erapmoc

8.7 英文字符串逆序 V2.0。请修改主教材例 8.3 程序，增加"栈满"和"栈空"的判断，以增强程序的健壮性。

【参考答案】参考程序如下。

```
1   #include <stdio.h>
2   #include <string.h>
3   #include <stdlib.h>
4   #define N 20                          //栈数组的最大长度
5   void Reverse(char str[]);
6   void Push(char stack[], char data, int *pTop);
7   char Pop(char stack[], int *pTop);
8   int IsFullStack(int *pTop);
9   int IsEmptyStack(int *pTop);
10  int main(void){
11      char input[N+1];
12      gets(input);
13      Reverse(input);
14      puts(input);
15      return 0;
16  }
17  //函数功能：采用顺序栈实现字符串逆序
```

```
18  void Reverse(char str[]){
19      char stack[N+1];
20      int len = strlen(str);
21      int top = 0;                        //初始化指向栈顶元素的变量
22      for (int i=0; i<len; i++){
23          Push(stack, str[i], &top);
24      }
25      for (int i=0; i<len; i++){
26          str[i] = Pop(stack, &top);
27      }
28  }
29  //函数功能：将字符压栈，并修改栈顶变量
30  void Push(char stack[], char data, int *pTop){
31      if (IsFullStack(pTop)){             //判断栈是否已满
32          printf("Stack is full!\n");
33          exit(0);
34      }
35      stack[*pTop] = data;
36      *pTop = *pTop + 1;
37  }
38  //函数功能：将字符弹栈，并修改栈顶变量
39  char Pop(char stack[], int *pTop){
40      if (IsEmptyStack(pTop)){            //判断栈是否为空
41          printf("Stack is empty!\n");
42          exit(0);
43      }
44      *pTop = *pTop - 1;
45      return stack[*pTop];
46  }
47  //函数功能：判断栈是否已满
48  int IsFullStack(int *pTop){
49      return *pTop >= N ? 1 : 0;
50  }
51  //函数功能：判断栈是否已空
52  int IsEmptyStack(int *pTop){
53      return *pTop < 0 ? 1 : 0;
54  }
```

程序的运行结果如下：

12345✓
54321

8.8 中文字符串逆序。请修改主教材例 8.3 程序，使其能够实现中文字符串的逆序。

【参考答案】参考程序如下。

```
1   #include <stdio.h>
2   #include <string.h>
3   #define N 20                    //栈数组的最大长度
4   void Reverse(char str[]);
5   void Push(char stack[], char data, int *pTop);
6   char Pop(char stack[], int *pTop);
7   void CharExchange(char str[]);
8   int main(void){
9       char input[N+1];
10      gets(input);                //输入汉字字符串
11      Reverse(input);             //从栈中弹出压入的汉字字符串，但汉字的两个字节是反的
12      CharExchange(input);        //将一个汉字的相邻的两个字节互换，使其正确显示汉字
13      puts(input);
14      return 0;
15  }
```

```
16    //函数功能：采用顺序栈实现字符串逆序
17    void Reverse(char str[]){
18        char stack[N + 1];
19        int len = strlen(str);
20        int top = 0; // 初始化指向栈顶元素的变量
21        for (int i=0; i<len; i++){
22            Push(stack, str[i], &top);
23        }
24        for (int i=0; i<len; i++){
25            str[i] = Pop(stack, &top);
26        }
27    }
28    //函数功能：将字符压栈，并修改栈顶变量
29    void Push(char stack[], char data, int *pTop){
30        stack[*pTop] = data;
31        *pTop = *pTop + 1;
32    }
33    //函数功能：将字符弹栈，并修改栈顶变量
34    char Pop(char stack[], int *pTop){
35        *pTop = *pTop - 1;
36        return stack[*pTop];
37    }
38    //函数功能：相邻的两个字符互换
39    void CharExchange(char str[]){
40        int len = strlen(str);
41        for (int i=0; i<len; i+=2){
42            char t = str[i];
43            str[i] = str[i+1];
44            str[i+1] = t;
45        }
46    }
```

程序的运行结果如下：

遥望四边云接水↙
水接云边四望遥

8.9 英文回文字符串判断 V1.0。所谓回文字符串就是指正读和反读都相同的字符序列，例如123321，再如 dad、mum 等。请修改主教材例 8.2 程序，采用首尾对称位置字符比较的方法，实现英文回文字符串的判断。如果是回文，则输出"Yes!"，否则输出"No!"。

【参考答案】参考程序如下。

```
1    #include <stdio.h>
2    #include <string.h>
3    #include <stdbool.h>
4    #define N 80
5    bool IsPlalindrome(const char str[]);
6    int main(void){
7        char a[N];
8        gets(a);
9        printf(IsPlalindrome(a) ? "Yes\n" : "No\n");
10       return 0;
11   }
12   //函数功能：判断回文字符串
13   bool IsPlalindrome(const char str[]){
14       for (int i=0, j=strlen(str)-1; i<j; i++, j--){
15           if (str[i] != str[j]){
16               return false;
17           }
18       }
```

```
19        return true;
20    }
```

程序的运行结果示例 1：

dad↙
Yes

程序的运行结果示例 2：

hit↙
No

8.10 英文回文字符串判断 V2.0。先将字符串逆序，然后将逆序后的字符串与逆序前的字符串比较大小，如果二者相等，则表示它是回文字符串。请根据这一思路，修改主教材例 8.2 程序，使其能够判断英文回文字符串。

【参考答案】参考程序如下。

```
1     #include <stdio.h>
2     #include <string.h>
3     #include <stdbool.h>
4     #define N 80
5     bool IsPlalindrome(const char str[]);
6     void Reverse(char str[]);
7     int main(void){
8         char a[N];
9         gets(a);
10        printf(IsPlalindrome(a) ? "Yes\n" : "No\n");
11        return 0;
12    }
13    //函数功能：判断回文字符串
14    bool IsPlalindrome(const char str[]){
15        char reverse[N + 1];
16        strcpy(reverse, str);
17        Reverse(reverse);
18        return (strcmp(str, reverse) == 0) ? true : false;
19    }
20    //函数功能：字符串逆序
21    void Reverse(char str[]){
22        int len = strlen(str);
23        for (int i=0, j=len-1; i<j; i++, j--){
24            char temp = str[i];
25            str[i] = str[j];
26            str[j] = temp;
27        }
28    }
```

程序的运行结果示例 1：

dad↙
Yes

程序的运行结果示例 2：

hit↙
No

8.11 英文回文字符串判断 V3.0。采用与习题 8.10 相同的思路，修改主教材例 8.3 程序，使其能够判断英文回文字符串。

【参考答案】参考程序如下。

```
1     #include <stdio.h>
2     #include <string.h>
3     #include <stdbool.h>
```

```
4    #define N 80
5    bool IsPlalindrome(const char str[]);
6    void Reverse(char str[]);
7    void Push(char stack[], char data, int *pTop);
8    char Pop(char stack[], int *pTop);
9    int main(void){
10       char a[N];
11       gets(a);
12       printf(IsPlalindrome(a) ? "Yes\n" : "No\n");
13       return 0;
14   }
15   //函数功能：判断回文字符串
16   bool IsPlalindrome(const char str[]){
17       char reverse[N + 1];
18       strcpy(reverse, str);
19       Reverse(reverse);
20       return (strcmp(str, reverse) == 0) ? true : false;
21   }
22   //函数功能：采用顺序栈实现字符串逆序
23   void Reverse(char str[]){
24       char stack[N+1];
25       int len = strlen(str);
26       int top = 0;   //初始化指向栈顶元素的变量
27       for (int i=0; i<len; i++){
28           Push(stack, str[i], &top);
29       }
30       for (int i=0; i<len; i++){
31           str[i] = Pop(stack, &top);
32       }
33   }
34   //函数功能：将字符压栈，并修改栈顶变量
35   void Push(char stack[], char data, int *pTop){
36       stack[*pTop] = data;
37       *pTop = *pTop + 1;
38   }
39   //函数功能：将字符弹栈，并修改栈顶变量
40   char Pop(char stack[], int *pTop){
41       *pTop = *pTop - 1;
42       return stack[*pTop];
43   }
```

程序的运行结果示例 1：

dad✓

Yes

程序的运行结果示例 2：

hit✓

No

8.12 中文回文字符串判断 V1.0。除了有数字回文、英文回文外，还有回文诗、回文词、回文对联。例如，楼望海海望楼，水连天天连水；响水池中池水响，黄金谷里谷金黄；洞帘水挂水帘洞，山果花开花果山，这些都是回文对联。请在习题 8.9 程序的基础上，修改代码使其能够判断中文回文字符串。

【参考答案】参考程序如下。

```
1    #include <stdio.h>
2    #include <string.h>
3    #include <stdbool.h>
4    #define N 80
```

```
5    bool IsPlalindrome(const char str[]);
6    int main(void){
7        char a[N];
8        gets(a);
9        printf(IsPlalindrome(a) ? "Yes\n" : "No\n");
10       return 0;
11   }
12   //函数功能：判断回文字符串
13   bool IsPlalindrome(const char str[]){
14       for (int i=0, j=strlen(str)-1; i<j; i+=2, j-=2){
15           if (str[i] != str[j-1] || str[i+1] != str[j]){   //同时比较两个字节
16               return false;
17           }
18       }
19       return true;
20   }
```

程序的运行结果示例 1：

楼望海海望楼✓

Yes

程序的运行结果示例 2：

楼望海✓

No

8.13 中文回文字符串判断 V2.0。请借鉴习题 8.8 的方法，在习题 8.11 程序的基础上，修改代码使其能够判断中文回文字符串。

【参考答案】参考程序如下。

```
1    #include <stdio.h>
2    #include <string.h>
3    #include <stdbool.h>
4    #define N 80
5    bool IsPlalindrome(const char str[]);
6    void Reverse(char str[]);
7    void Push(char stack[], char data, int *pTop);
8    char Pop(char stack[], int *pTop);
9    void CharExchange(char str[]);
10   int main(void){
11       char a[N];
12       gets(a);//输入汉字字符串
13       printf(IsPlalindrome(a) ? "Yes\n" : "No\n");
14       return 0;
15   }
16   // 函数功能：判断回文字符串
17   bool IsPlalindrome(const char str[]){
18       char reverse[N+1];
19       strcpy(reverse, str);
20       Reverse(reverse);            //从栈中弹出压入的汉字字符串，但汉字的两个字节是反的
21       CharExchange(reverse);       //将一个汉字的相邻的两个字节互换，使其正确显示汉字
22       return (strcmp(str, reverse) == 0) ? true : false;
23   }
24   //函数功能：采用顺序栈实现字符串逆序
25   void Reverse(char str[]){
26       char stack[N+1];
27       int len = strlen(str);
28       int top = 0;  //初始化指向栈顶元素的变量
29       for (int i=0; i<len; i++){
30           Push(stack, str[i], &top);
31       }
```

```
32      for (int i=0; i<len; i++){
33          str[i] = Pop(stack, &top);
34      }
35  }
36  //函数功能：将字符压栈，并修改栈顶变量
37  void Push(char stack[], char data, int *pTop){
38      stack[*pTop] = data;
39      *pTop = *pTop + 1;
40  }
41  //函数功能：将字符弹栈，并修改栈顶变量
42  char Pop(char stack[], int *pTop){
43      *pTop = *pTop - 1;
44      return stack[*pTop];
45  }
46  //函数功能：相邻的两个字符互换
47  void CharExchange(char str[]){
48      int len = strlen(str);
49      for (int i=0; i<len; i+=2){
50          char t = str[i];
51          str[i] = str[i+1];
52          str[i+1] = t;
53      }
54  }
```

程序的运行结果示例 1：

水连天天连水∠

Yes

程序的运行结果示例 2：

水连天∠

No

8.14 下面的字符串连接程序存在错误，请分析错误的原因，并将程序修改正确。

```
1   #include <stdio.h>
2   #include <string.h>
3   char *MyStrcat(char *dest, char *source);
4   int main(void){
5       char *first = "Hello";
6       char  *second = "xWorld";
7       char  *result;
8       result = MyStrcat(first, second);
9       printf("The result is:%s\n", result);
10      return 0;
11  }
12  //函数功能：将字符串 source 连接到字符串 dest 的后面
13  char *MyStrcat(char *dest, char *source){
14      for (int i=0; i<strlen(source)+1; i++){
15          *(dest + strlen(dest) + i) = *(source + i);
16      }
17      return dest;
18  }
```

【参考答案】这个程序运行会发生非法内存访问的错误，从而导致程序运行异常中止，其原因是程序第 6 行声明了一个指向只读存储区的指针变量 first，即指针变量 first 指向了只读存储区中的字符串"Hello"，而函数调用时将实参传给函数 MyStrcat() 的形参 dest 后，函数 MyStrcat() 对形参指针 dest 指向的只读存储区进行了写操作，从而发生非法内存访问错误。如果将第 6 行的语句修改为：

    char first[12] = "Hello";//字符串"Hello"后面的 7 个字节被初始化为'\0'

就不再出现非法内存访问错误，但是程序的运行结果仍然是错误的，其错误的原因在于函数 MyStrcat()的第 18 行语句

```
*(dest + strlen(dest) + i) = *source;
```

使用了 strlen(dest)来计算字符中每个字符的地址偏移量，strlen(dest)的值并不是一个定值，因为在字符串连接的过程中（即在每次循环中）dest 指向的字符串长度是在变化的。

若要得到正确的运行结果，只要将 strlen(dest)的计算移到 for 循环的前面存于变量 destLen 中，这样，在 for 循环中使用的字符串长度就是定值了。程序如下：

```
1    #include <stdio.h>
2    #include <string.h>
3    char *MyStrcat(char *dest, char *source);
4    int main(void){
5        char   first[12] = "Hello";
6        char   *second = "xWorld";
7        char   *result;
8        result = MyStrcat(first, second);
9        printf("The result is:%s\n", result);
10       return 0;
11   }
12   //函数功能：将字符串 source 连接到字符串 dest 的后面
13   char *MyStrcat(char *dest, char *source){
14       int destLen = strlen(dest);
15       for (int i=0; i<strlen(source)+1; i++){
16         *(dest + destLen + i) = *(source + i);
17       }
18       return dest;
19   }
```

程序的运行结果如下：

```
The result is:HelloxWorld
```

8.15 编程从键盘任意输入 m 个学生 n 门课程的成绩，然后计算并打印每个学生各门课的总分 sum 和平均分 $aver$。下面的程序存在运行结果错误，请排查错误的原因，并将程序修改正确。

```
1    #include <stdio.h>
2    #define STUD   30              //最多可能的学生人数
3    #define COURSE 5               //最多可能的考试科目数
4    void Total(int *score, int sum[], float aver[], int m, int n);
5    void Print(int *score, int sum[], float aver[], int m, int n);
6    int main(void){
7        int    m, n, score[STUD][COURSE], sum[STUD];
8        float  aver[STUD];
9        printf("Enter the total number of students and courses:");
10       scanf("%d%d",&m,&n);
11       printf("Enter score\n");
12       for (int i=0; i<m; i++){
13           for (int j=0; j<n; j++){
14               scanf("%d", &score[i][j]);
15           }
16       }
17       Total(*score, sum, aver, m, n);
18       Print(*score, sum, aver, m, n);
19       return 0;
20   }
21   void Total(int *score, int sum[], float aver[], int m, int n){
22       for (int i=0; i<m; i++){
23           sum[i] = 0;
24           for (int j=0; j<n; j++){
```

```
25              sum[i] = sum[i] + *(score + i * n + j);
26          }
27          aver[i] = (float) sum[i] / n;
28      }
29  }
30  void  Print(int *score, int sum[], float aver[], int m, int n){
31      printf("Result:\n");
32      for (int i=0; i<m; i++){
33          for (int j=0; j<n; j++){
34              printf("%4d\t", *(score + i * n + j));
35          }
36          printf("%5d\t%6.1f\n", sum[i], aver[i]);
37      }
38  }
```

【参考答案】在 Code::Blocks 环境下，运行这个程序会发现，只有第 1 个学生的统计结果是正确的，其余各行的统计结果中均有一些乱码，总分和平均分都是按照这些乱码值计算的。这说明总分和平均分的计算是没有错误的，很可能是从主函数传给函数 Total() 的成绩值是错误的。经分析发现，main 函数中用户从键盘输入的成绩值是存放在有 STUD 行、COURSE 列的二维数组 score 中的，该数组元素按行连续存放在内存中，而在函数 Total() 中，是利用实参传过来的第 0 行第 0 列的首地址*score 即 score[0]，通过间接寻址*(score + i * n + j) 来访问数组中的成绩值的，这种寻址方式的前提是假设成绩是按每行 n 列在内存中存放的，如果从键盘输入的 n 值等于 COURSE 的值，那么错误也许不会发生，但是恰恰它们的值是不相等的（这里 n<COURSE）。也就是说，数据原本是按照每行 COURSE 列分配的内存，从每一行的行首开始每行存入了 n 个数据（后面的 COURSE−n 个数据当然是乱码了），然而读取数据时却是按照每行 n 列从首地址开始读的，结果导致了读出的数据发生了错位。

第一种修正错误的方法是，将函数 Total() 和函数 Print() 中的*(score + i * n + j) 改成*(score + i * COURSE + j)。

第二种修正错误的方法是，增加一个函数 Input()，其代码如下：

```
1  void Input(int *score, int m, int n){
2      printf("Enter score\n");
3      for (int i=0; i<m; i++){
4          for (int j=0; j<n; j++){
5              scanf("%d", score + i * n + j);
6          }
7      }
8  }
```

与此同时，将 main 函数中的第 12～19 行语句，用如下的函数调用语句代替：

```
Input(*score, m, n);
```

修改后的程序运行结果如下：

```
Enter the total number of students and courses:4 3↙
Enter score
60 60 60↙
80 80 80↙
90 90 90↙
70 70 70↙
Result:
        60      60      60      180      60.0
        80      80      80      240      80.0
        90      90      90      270      90.0
        70      70      70      210      70.0
```

习　题　9

9.1 选择题。

（1）已知有如下共用体变量的定义，则 sizeof(test)的值是（　　）。

```
union sample
{
    int i;
    char c;
    float a;
}test;
```
  A．4   B．5   C．6   D．7

【参考答案】A

（2）已知表示学生记录的结构体类型定义为

```
struct student{
    long ID;
    char name[10];
    char gender;
    struct{
        int year;
        int month;
        int day;
    }birth;
}s;
```
设变量 s 中的"生日"是 2001 年 1 月 3 日，下列对"生日"的正确赋值方式是（　　）。

  A．　year = 2001; month = 1; day = 3;

  B．　birth.year = 2001; birth.month = 1; birth.day = 3;

  C．　s.year = 2001; s.month = 1; s.day = 3;

  D．　s.birth.year = 2001; s.birth.month = 1; s.birth.day = 3;

【参考答案】D

（3）以下描述正确的是（　　）。

  A．对共用体初始化时，只能对第一个成员进行初始化，每一瞬时起作用的成员是最后
   一次为其赋值的成员

  B．结构体可以比较，但不能将结构体类型作为函数返回值类型

  C．结构体类型所占内存的大小取决于其成员中占内存空间最大的那个成员变量

  D．关键字 typedef 用于定义一种新的数据类型

【参考答案】A

9.2 有理数加法。请用结构体编程，从键盘输入两个分数形式的有理数，然后计算并输出其相加后的结果。

【参考答案】参考程序如下。

```
1   #include <stdio.h>
2   #include <stdlib.h>
3   typedef struct rational{
4       int numerator;
5       int denominator;
6   }RATIONAL;
```

```
7    RATIONAL AddRational(RATIONAL a, RATIONAL b);
8    RATIONAL SimplifyRational(RATIONAL a);
9    int Gcd(int a, int b);
10   int main(void){
11       RATIONAL x, y;
12       printf("Input x/y:");
13       scanf("%d/%d", &x.numerator, &x.denominator);
14       printf("Input a/b:");
15       scanf("%d/%d", &y.numerator, &y.denominator);
16       RATIONAL z = AddRational(x, y);
17       printf("%d/%d\n", z.numerator, z.denominator);
18       return 0;
19   }
20   //函数功能：返回有理数加法运算结果
21   RATIONAL AddRational(RATIONAL a, RATIONAL b){
22       RATIONAL c;
23       c.numerator   = a.numerator*b.denominator + a.denominator*b.numerator;
24       c.denominator = a.denominator*b.denominator;
25       c = SimplifyRational(c);
26       return c;
27   }
28   //函数功能：有理数约简
29   RATIONAL SimplifyRational(RATIONAL a){
30       RATIONAL c;
31       int divisor = Gcd(abs(a.numerator), abs(a.denominator));
32       if (divisor > 0){
33           c.numerator = a.numerator / divisor;
34           c.denominator = a.denominator / divisor;
35       }
36       return c;
37   }
38   //函数功能：计算a和b的最大公约数，输入负数时返回-1
39   int Gcd(int a, int b){
40       int r;
41       if (a <= 0 || b <= 0){
42           return -1;
43       }
44       do{
45           r = a % b;
46           a = b;
47           b = r;
48       }while (r != 0);
49       return  a;
50   }
```

程序运行结果如下：

```
Input x/y:2/5↙
Input a/b:2/4↙
9/10
```

9.3 日期转换 V1。 输入某年某月某日，请用结构体编程计算并输出它是这一年的第几天。

【参考答案】参考程序 1 如下。

```
1    #include <stdio.h>
2    typedef struct date{
3        int year;
4        int month;
5        int day;
6    }DATE;
7    int DayofYear(DATE d);
```

```
8    int IsLeapYear(int y);
9    int IsLegalDate(struct date d);
10   int main(void){
11       int  n;
12       DATE d;
13       do{
14           printf("Input year,month,day:");
15           n = scanf("%d,%d,%d", &d.year, &d.month, &d.day);
16           if (n != 3) while (getchar() != '\n');
17       } while (n!=3 || !IsLegalDate(d));
18       int days = DayofYear(d);
19       printf("yearDay = %d\n", days);
20       return 0;
21   }
22   //函数功能：计算从当年 1 月 1 日起到日期 d 的天数，即计算日期 d 是当年的第几天
23   int DayofYear(DATE d){
24       int dayofmonth[2][12]={{31,28,31,30,31,30,31,31,30,31,30,31},
25                              {31,29,31,30,31,30,31,31,30,31,30,31}
26                             };
27       int leap = IsLeapYear(d.year);
28       int sum = 0;
29       for (int i=1; i<d.month; i++){
30           sum = sum + dayofmonth[leap][i-1];
31       }
32       sum = sum + d.day;
33       return sum;
34   }
35   //函数功能：判断 y 是否是闰年，若是，则返回 1，否则返回 0
36   int IsLeapYear(int y){
37       return ((y%4==0&&y%100!=0) || (y%400==0)) ? 1 : 0;
38   }
39   //函数功能：判断日期 d 是否合法，若合法，则返回 1，否则返回 0
40   int IsLegalDate(struct date d){
41       int dayofmonth[2][12]= {{31,28,31,30,31,30,31,31,30,31,30,31},
42                               {31,29,31,30,31,30,31,31,30,31,30,31}
43                              };
44       if (d.year<1 || d.month<1 || d.month>12 || d.day<1)  return 0;
45       int leap = IsLeapYear(d.year) ? 1 : 0;
46       return d.day > dayofmonth[leap][d.month-1] ? 0 : 1;
47   }
```

参考程序 2 如下。

```
1    #include <stdio.h>
2    typedef struct date{
3        int year;
4        int month;
5        int day;
6    } DATE;
7    int DayofYear(DATE *pd);
8    int IsLeapYear(int y);
9    int IsLegalDate(struct date *d);
10   int main(void){
11       int  n;
12       DATE d;
13       do{
14           printf("Input year,month,day:");
15           n = scanf("%d,%d,%d", &d.year, &d.month, &d.day);
16           if (n != 3) while (getchar() != '\n');
```

```
17        } while (n!=3 || !IsLegalDate(&d));
18        int days = DayofYear(&d);
19        printf("yearDay = %d\n", days);
20        return 0;
21    }
22    //函数功能：计算从当年1月1日起到日期d的天数，即计算日期d是当年的第几天
23    int DayofYear(DATE *pd){
24        int dayofmonth[2][12]= {{31,28,31,30,31,30,31,31,30,31,30,31},
25                                {31,29,31,30,31,30,31,31,30,31,30,31}
26                               };
27        int leap = IsLeapYear(pd->year);
28        int sum = 0;
29        for (int i=1; i<pd->month; i++){
30            sum = sum + dayofmonth[leap][i-1];
31        }
32        sum = sum + pd->day;
33        return sum;
34    }
35    //函数功能：判断y是否是闰年，若是，则返回1，否则返回0
36    int IsLeapYear(int y){
37        return ((y%4==0 && y%100!=0) || (y%400==0)) ? 1 : 0;
38    }
39    //函数功能：判断日期d是否合法，若合法，则返回1，否则返回0
40    int IsLegalDate(struct date *d){
41        int dayofmonth[2][12]= {{31,28,31,30,31,30,31,31,30,31,30,31},
42                                {31,29,31,30,31,30,31,31,30,31,30,31}
43                               };
44        if (d->year<1 || d->month<1 || d->month>12 || d->day<1)  return 0;
45        int leap = IsLeapYear(d->year) ? 1 : 0;
46        return d->day > dayofmonth[leap][d->month-1] ? 0 : 1;
47    }
```

程序运行结果如下：

```
Input year,month,day:2022,7,15↙
yearDay = 196
```

9.4 **日期转换 V2**。输入某一年的第几天，请用结构体编程计算并输出它是这一年的第几月第几日。

【参考答案】参考程序如下。

```
1    #include  <stdio.h>
2    typedef  struct  date{
3        int  year;
4        int  month;
5        int  day;
6    } DATE;
7    void MonthDay(DATE *pd, int yearDay);
8    int IsLeapYear(int y);
9    int main(void){
10       int  yearDay, n;
11       DATE d;
12       do{
13           printf("Input year,yearDay:");
14           n = scanf("%d,%d", &d.year, &yearDay);
15           if (n != 2) while (getchar() != '\n');
```

```
16          } while (n!=2 || d.year<0 || yearDay<1 || yearDay>366);
17          MonthDay(&d, yearDay);
18          printf("month = %d,day = %d\n", d.month, d.day);
19          return 0;
20      }
21      //函数功能：对给定的某一年的第几天，计算并返回它是这一年的第几月第几日
22      void MonthDay(DATE *pd, int yearDay){
23          int dayofmonth[2][12]={{31,28,31,30,31,30,31,31,30,31,30,31},
24                                 {31,29,31,30,31,30,31,31,30,31,30,31}
25                                };
26          int  i, leap;
27          leap = IsLeapYear(pd->year);
28          for (i=1; yearDay>dayofmonth[leap][i-1]; i++){
29              yearDay = yearDay - dayofmonth[leap][i-1];
30          }
31          pd->month = i;          //将计算出的月份值赋值给 pd 指向的 month 成员变量
32          pd->day = yearDay;      //将计算出的日号赋值给 pd 指向的 yearDay 变量
33      }
34      //函数功能：判断 y 是否是闰年，若是，则返回 1，否则返回 0
35      int IsLeapYear(int y){
36          return ((y%4==0&&y%100!=0) || (y%400==0)) ? 1 : 0;
37      }
```

程序运行结果如下：

```
Input year,yearDay:2022,196↙
month = 7,day = 15
```

9.5 奖牌数查询。请编程，输入 n 个国家的国名及获得的奖牌数，然后输入一个国名，查找其获得的奖牌数。

```
struct country{
    char name[M];
    int  medals;
};
```

【参考答案】方法 1：用结构体数组做函数参数实现的参考程序如下。

```
1   #include <stdio.h>
2   #include <string.h>
3   #define  M  250   //最多的字符串个数
4   #define  N  20    //每个字符串的最大长度
5   struct country{
6       char name[N];
7       int  medals;
8   };
9   int SearchString(struct country countries[], int n, char name[]);
10  int main(void){
11      int    n;
12      struct country countries[M];
13      char s[N];
14      printf("How many countries?");
15      scanf("%d", &n);
16      printf("Input names and medals:\n");
17      for (int i=0; i<n; i++){
18          scanf("%s%d", countries[i].name, &countries[i].medals);
19      }
20      printf("Input the searching country:");
21      scanf("%s", s);
```

133

```
22      int pos = SearchString(countries, n, s);
23      if (pos != -1){
24          printf("%s:%d\n", s, countries[pos].medals);
25      }
26      else{
27          printf("Not found!\n");
28      }
29      return 0;
30  }
31  //函数功能：使用顺序查找算法查找指定国家的奖牌数
32  int SearchString(struct country countries[], int n, char name[]){
33      for (int i=0; i<n; i++){
34          if (strcmp(name, countries[i].name) == 0){
35              return i;
36          }
37      }
38      return -1;
39  }
```

方法 2：用结构体数组做函数参数实现的参考程序如下。

```
1   #include <stdio.h>
2   #include <string.h>
3   #define   M  250   //最多的字符串个数
4   #define   N  20    //每个字符串的最大长度
5   struct country{
6       char name[N];
7       int  medals;
8   };
9   int SearchString(struct country *pCountries, int n, char name[]);
10  int main(void){
11      int    n;
12      struct country countries[M];
13      char s[N];
14      printf("How many countries?");
15      scanf("%d", &n);
16      printf("Input names and medals:\n");
17      for (int i=0; i<n; i++){
18          scanf("%s%d", countries[i].name, &countries[i].medals);
19      }
20      printf("Input the searching country:");
21      scanf("%s", s);
22      int pos = SearchString(countries, n, s);
23      if (pos != -1){
24          printf("%s:%d\n", s, countries[pos].medals);
25      }
26      else{
27          printf("Not found!\n");
28      }
29      return 0;
30  }
31  //函数功能：使用顺序查找算法查找指定国家的奖牌数
32  int SearchString(struct country *pCountries, int n, char name[]){
33      struct country *p = pCountries;
34      for (; p < pCountries + n; p++){
35          if (strcmp(name, p->name) == 0){
```

```
36              return p - pCountries;
37          }
38      }
39      return -1;
40  }
```

程序的第一次测试结果为：

How many countries?6↙
Input names and medals:
Norway 37↙
America 25↙
China 15↙
German 27↙
Sweden 18↙
Holland 17↙
Input the searching country:Chian↙
Not found!

程序的第二次测试结果为：

How many countries?6↙
Input names and medals:
Norway 37↙
America 25↙
China 15↙
German 27↙
Sweden 18↙
Holland 17↙
Input the searching country:China↙
China:15

9.6 **冬奥会运动员信息统计**。2022 年，北京冬奥会的后勤组为了了解各国参赛选手的基本情况，为各国选手定制了个性化服务，现某国有 n ($1 \leqslant n \leqslant 10$) 个运动员，其中每个运动员记录了其姓名（拼音表示，且无空格）、性别和年龄，要求从键盘输入 n 以及 n 个运动员的数据，然后输出该国家年龄不大于 n 个运动员的平均年龄的运动员数量 m。请按照以下结构体类型编写该程序。

```
struct athlete
{
    char name[N];        //姓名
    int gender;          //性别标记，0 表示男性，1 表示女性
    int age;             //年龄
};
```

【参考答案】参考程序如下。

```
1   #include<stdio.h>
2   #define N 10
3   #define LEN 30
4   struct athlete{
5       char name[LEN];
6       int gender;
7       int age;
8   };
9   int Input(struct athlete Ath []);
10  int AgeCount(struct athlete Ath[], int n);
11  int main(void){
12      struct athlete Ath[N];
13      int n = Input(Ath);
14      int ans = AgeCount(Ath, n);
```

```
15      printf("%d", ans);
16      return 0;
17  }
18  //函数功能：输入运动员数量和信息，返回运动员数量
19  int Input(struct athlete Ath []){
20      int n;
21      printf("Input n:");
22      scanf("%d", &n);
23      printf("Input name, gender, age:\n");
24      for (int i=0; i<n; i++){
25          scanf("%s%d%d", Ath[i].name, &Ath[i].gender, &Ath[i].age);
26      }
27      return n;
28  }
29  //函数功能：统计并返回年龄不大于n个运动员平均年龄的运动员数量
30  int AgeCount(struct athlete Ath[], int n){
31      int sum = 0, count = 0, i;
32      for (i=0; i<n; i++){
33          sum += Ath[i].age;
34      }
35      for (i=0; i<n; i++){
36          if (Ath[i].age <= sum / n){
37              count++;
38          }
39      }
40      return count;
41  }
```

程序运行结果如下：

```
Input n:7↙
Input name, gender, age:
Zhangsan 0 24↙
Lisi 0 22↙
Wangwu 0 28↙
Lilingyu 1 21↙
Zhouhuajian 1 25↙
Fenggong 1 21↙
Niuqun 1 18↙
4
```

9.7 **一万小时定律**。"一万小时定律"是作家格拉德威尔在《异类》一书中指出的定律，"人们眼中的天才之所以卓越非凡，并非天资超人一等，而是付出了持续不断的努力。1 万小时的锤炼是任何人从平凡变成世界级大师的必要条件"。简而言之，要成为某个领域的专家，需要 10000 小时，按比例计算就是：如果每天工作八个小时，一周工作五天，那么成为一个领域的专家至少需要五年。假设某人从 2024 年 1 月 1 日起开始每周工作五天，然后休息两天。请编写一个程序，计算这个人在以后的某一天中是在工作还是在休息。

```
typedef struct date{
    int year;
    int month;
    int day;
}DATE;
```

【参考答案】以 7 天为一个周期，每个周期中都是前五天工作后两天休息，所以只要计算出从 2024 年 1 月 1 日开始到输入的某年某月某日之间的总天数，将这个总天数对 7 求余，余数为 1、2、

3、4、5 就说明是在工作，余数为 6 和 0 就说明是在休息。由于闰年和平年的 2 月份天数是不同的，因此在计算天数时需要判断某年是否为闰年，同时还要判断用户输入的年月日信息是否是合法的日期。参考程序如下。

```
1    #include <stdio.h>
2    #include <stdlib.h>
3    typedef struct date{
4        int year;
5        int month;
6        int day;
7    }DATE;
8    int WorkORrest(DATE d);
9    int IsLeapYear(int y);
10   int IsLegalDate(DATE d);
11   int main(void){
12       DATE today;
13       int n;
14       do{
15           printf("Input year,month,day:");
16           n = scanf("%d,%d,%d", &today.year, &today.month, &today.day);
17           if (n != 3){
18               while (getchar() != '\n');
19           }
20       }while (n!=3 || !IsLegalDate(today));
21       if (WorkORrest(today) == 1){
22           printf("He is working\n");
23       }
24       else{
25           printf("He is having a rest\n");
26       }
27       return 0;
28   }
29   //函数功能：某人工作五天休息两天，判断 year 年 month 月 day 日是工作还是休息
30   //函数参数：结构体 d 的三个成员 year、month、day 分别代表年、月、日
31   //函数返回值：返回 1，表示工作，返回-1，表示休息
32   int WorkORrest(DATE d){
33       int dayofmonth[2][12]= {{31,28,31,30,31,30,31,31,30,31,30,31},
34                               {31,29,31,30,31,30,31,31,30,31,30,31}
35                              };
36       int sum = 0;
37       for (int i=1990; i<d.year; ++i){
38           sum = sum + (IsLeapYear(i) ? 366 : 365);
39       }
40       int leap = IsLeapYear(d.year) ? 1 : 0;
41       for (int i=1; i<d.month; ++i){
42
43           sum = sum + dayofmonth[leap][i-1];
44       }
45       sum = sum + d.day;
46       sum = sum % 7;                    //以五天为一个周期，看余数是几，决定是在工作还是在休息
47       return sum == 0 || sum == 6 ? -1 : 1;
48   }
49   //函数功能：判断 y 是否是闰年，若是，则返回 1，否则返回 0
50   int IsLeapYear(int y){
```

```
51      return ((y%4==0 && y%100!=0) || (y%400==0)) ? 1 : 0;
52  }
53  //函数功能：判断日期d是否合法，若合法，则返回1，否则返回0
54  int IsLegalDate(DATE d){
55      int dayofmonth[2][12]= {{31,28,31,30,31,30,31,31,30,31,30,31},
56                             {31,29,31,30,31,30,31,31,30,31,30,31}
57                             };
58      if (d.year<1 || d.month<1 || d.month>12 || d.day<1){
59          return 0;
60      }
61      int leap = IsLeapYear(d.year) ? 1 : 0;
62      return d.day > dayofmonth[leap][d.month-1] ? 0 : 1;
63  }
```

程序的第一次测试结果为：

```
Input year,month,day:2022,3,9✓
He is working
```

程序的第二次测试结果为：

```
Input year,month,day:2022,3,12✓
He is having a rest
```

9.8 数字时钟模拟。请按如下结构体类型定义编程模拟显示一个数字时钟。

```
typedef struct clock{
    int hour;
    int minute;
    int second;
}CLOCK;
```

【参考答案】参考程序 1 如下。

```
1   #include <stdio.h>
2   typedef struct clock{
3       int hour;
4       int minute;
5       int second;
6   } CLOCK;
7   //函数功能：时、分、秒时间的更新
8   void Update(CLOCK *t){
9       t->second++;
10      if (t->second == 60){   //若 second 值为 60，表示已过一分钟，则 minute 加 1
11          t->second = 0;
12          t->minute++;
13      }
14      if (t->minute == 60){   //若 minute 值为 60，表示已过一小时，则 hour 加 1
15          t->minute = 0;
16          t->hour++;
17      }
18      if (t->hour == 24) {    //若 hour 值为 24，则 hour 从 0 开始计时
19          t->hour = 0;
20      }
21  }
22  //函数功能：时、分、秒时间的显示
23  void Display(CLOCK *t){
24      printf("%2d:%2d:%2d\r", t->hour, t->minute, t->second);
25  }
26  //函数功能：模拟延迟 1 秒的时间
27  void Delay(void){
```

```
28      for (long t=0; t<50000000; t++){
29          //循环体为空语句的循环, 起延时作用
30      }
31  }
32  int main(void){
33      CLOCK myclock;
34      myclock.hour = myclock.minute = myclock.second = 0;
35      for (long i=0; i<100000; i++){  //利用循环, 控制时钟运行的时间
36          Update(&myclock);           //时钟值更新
37          Display(&myclock);          //时间显示
38          Delay();                    //模拟延时 1 秒
39      }
40      return 0;
41  }
```

参考程序 2 如下。

```
1   #include <stdio.h>
2   typedef struct clock{
3       int hour;
4       int minute;
5       int second;
6   } CLOCK;
7   //函数功能: 时、分、秒时间的更新
8   void Update(CLOCK *t){
9       static long m = 1;
10      t->hour = m / 3600;
11      t->minute = (m - 3600 * t->hour) / 60;
12      t->second = m % 60;
13      m++;
14      if (t->hour == 24){
15          m = 1;
16      }
17  }
18  //函数功能: 时、分、秒时间的显示
19  void Display(CLOCK *t){
20      printf("%2d:%2d:%2d\r", t->hour, t->minute, t->second);
21  }
22  //函数功能: 模拟延迟 1 秒的时间
23  void Delay(void){
24      for (long t=0; t<50000000; t++){
25          //循环体为空语句的循环, 起延时作用
26      }
27  }
28  int main(void){
29      CLOCK myclock;
30      myclock.hour = myclock.minute = myclock.second = 0;
31      for (long i=0; i<100000; i++){  //利用循环, 控制时钟运行的时间
32          Update(&myclock);           //时钟值更新
33          Display(&myclock);          //时间显示
34          Delay();                    //模拟延时 1 秒
35      }
36      return 0;
37  }
```

程序运行结果略。

9.9 时间都去哪了。某学生为了证明时间缩水，做了一道题，快把数学老师逼疯了！

求证：1 小时=1 分钟

解：因为 1 小时=60 分钟

=6 分钟*10 分钟

=360 秒*600 秒

=1/10 小时*1/6 小时

=1/60 小时

=1 分钟

证明完毕。

如果不珍惜时光，你的时间很可能就这样稀里糊涂地没了。现在，请定义一个 struct time 类型，编写程序，实现如下两个任务：

（1）输入小时、分钟和秒，然后将其转化为以秒为单位的时间。

（2）输入以秒为单位的时间，然后将其转化为小时、分钟和秒。

【参考答案】参考程序 1 如下。

```
1   #include <stdio.h>
2   #include <math.h>
3   typedef struct clock{
4       int hour;
5       int minute;
6       int second;
7   }CLOCK;
8   int Time2Second(CLOCK t);
9   CLOCK Second2Time(int second);
10  int main(void){
11      CLOCK t1, t2;
12      int seconds;
13      printf("Input hour, minute, second:");
14      scanf("%d,%d,%d", &t1.hour, &t1.minute, &t1.second);
15      printf("To second:%d\n", Time2Second(t1));
16      printf("Input seconds:");
17      scanf("%d", &seconds);
18      t2 = Second2Time(seconds);
19      printf("To time:%d 小时%d 分%d 秒\n", t2.hour, t2.minute, t2.second);
20      return 0;
21  }
22  //函数功能：将时分秒时间转换为秒
23  int Time2Second(CLOCK t){
24      int second = t.hour * 3600 + t.minute * 60 + t.second;
25      return second;
26  }
27  //函数功能：将秒转换为时分秒时间
28  CLOCK Second2Time(int second){
29      CLOCK t;
30      t.hour = second / 3600;
31      t.minute = (second - t.hour * 3600) / 60;
32      t.second = second % 60;
33      return t;
34  }
```

参考程序 2 如下。

```
1   #include <stdio.h>
2   #include <math.h>
3   typedef struct clock{
```

```
4       int hour;
5       int minute;
6       int second;
7   }CLOCK;
8   int Time2Second(CLOCK *t);
9   void Second2Time(int second, CLOCK *t);
10  int main(void){
11      CLOCK t1, t2;
12      int seconds;
13      printf("Input hour, minute, second:");
14      scanf("%d,%d,%d", &t1.hour, &t1.minute, &t1.second);
15      printf("To second:%d\n", Time2Second(&t1));
16      printf("Input seconds:");
17      scanf("%d", &seconds);
18      Second2Time(seconds, &t2);
19      printf("To time:%d 小时%d 分%d 秒\n", t2.hour, t2.minute, t2.second);
20      return 0;
21  }
22  //函数功能: 将时分秒时间转换为秒
23  int Time2Second(CLOCK *t){
24      int second = t->hour * 3600 + t->minute * 60 + t->second;
25      return second;
26  }
27  //函数功能: 将秒转换为时分秒时间
28  void Second2Time(int second, CLOCK *t){
29      t->hour = second / 3600;
30      t->minute = (second - t->hour * 3600) / 60;
31      t->second = second % 60;
32  }
```

程序运行结果如下:

```
Input hour, minute, second:2,20,30↙
To second:8430
Input seconds:8430↙
To time:2 小时 20 分 30 秒
```

9.10 洗发牌模拟。一副扑克有 52 张牌, 分为 4 种花色(suit): 黑桃(Spades)、红桃(Hearts)、草花(Clubs)、方块(Diamonds)。每种花色又有 13 张牌面(face): A, 2, 3, 4, 5, 6, 7, 8, 9, 10, Jack, Queen, King。要求用结构体数组 card 表示 52 张牌, 每张牌包括花色和牌面两个字符型数组类型的数据成员。请采用如下结构体类型和字符指针数组编程实现模拟洗牌和发牌的过程。

洗发牌模拟

```
typedef struct card{
    char  suit[10];
    char  face[10];
}CARD;
char *suit[] = {"Spades","Hearts","Clubs","Diamonds"};
char *face[] = {"A","2","3","4","5","6","7","8","9","10",
                "Jack","Queen","King"};
```

【参考答案】参考程序如下。

```
1   #include <stdio.h>
2   #include <string.h>
3   #include <time.h>
```

```
4    #include <stdlib.h>
5    typedef struct card{
6        char  suit[10];
7        char  face[10];
8    } CARD;
9    void Deal(CARD *wCard);
10   void Shuffle(CARD *wCard);
11   void FillCard(CARD wCard[], char *wFace[], char *wSuit[]);
12   int main(void){
13       char *suit[] = {"Spades","Hearts","Clubs","Diamonds"};
14       char *face[] = {"A","2","3","4","5","6","7","8","9","10",
15                       "Jack","Queen","King"
16                       };
17       CARD card[52];
18       srand (time(NULL));
19       FillCard(card, face, suit);
20       Shuffle(card);
21       Deal(card);
22       return 0;
23   }
24   //函数功能：花色按黑桃、红桃、草花、方块的顺序，面值按 A~K 的顺序，排列 52 张牌
25   void  FillCard(CARD wCard[], char *wFace[], char *wSuit[]){
26       for (int i=0; i<52; i++){
27           strcpy(wCard[i].suit, wSuit[i/13]);
28           strcpy(wCard[i].face, wFace[i%13]);
29       }
30   }
31   //函数功能：将 52 张牌的顺序打乱以模拟洗牌过程
32   void Shuffle(CARD *wCard){
33       for (int i=0; i<52; i++){    //每次循环产生一个随机数，交换当前牌与随机数指示的牌
34           int j = rand() % 52;      //每次循环产生一个 0~51 的随机数
35           CARD temp = wCard[i];
36           wCard[i] = wCard[j];
37           wCard[j] = temp;
38       }
39   }
40   //函数功能：输出每张牌的花色和面值以模拟发牌过程
41   void Deal(CARD *wCard){
42       for (int i=0; i<52; i++){
43           printf("%9s%9s%c", wCard[i].suit, wCard[i].face, i%2==0?'\t':'\n');
44       }
45   }
```

程序运行结果如下：

```
      Clubs         3       Spades         4
      Clubs     Queen       Hearts         6
     Spades         8       Hearts         7
     Spades         3     Diamonds         5
     Spades         5       Hearts         9
     Spades        10        Clubs         2
      Clubs         A       Spades     Queen
     Spades      King       Hearts         2
     Spades         7     Diamonds         8
   Diamonds         A     Diamonds         7
     Spades         2     Diamonds         3
```

Hearts	Queen	Hearts	4
Diamonds	9	Diamonds	10
Clubs	7	Clubs	9
Diamonds	6	Hearts	5
Clubs	King	Spades	9
Hearts	3	Clubs	10
Clubs	8	Clubs	5
Clubs	4	Diamonds	2
Clubs	Jack	Hearts	King
Diamonds	Queen	Spades	6
Diamonds	King	Spades	Jack
Diamonds	Jack	Hearts	A
Hearts	10	Diamonds	4
Clubs	6	Hearts	8
Hearts	Jack	Spades	A

9.11 **链表逆序**。请编程将一个链表的节点逆序排列，即把链头变成链尾，把链尾变成链头。先输入原始链表的节点编号顺序，按快捷键 Ctrl+z 或输入非数字表示输入结束，然后输出链表反转后的节点顺序。

【参考答案】参考程序如下。

```
1   #include <stdio.h>
2   #include <stdlib.h>
3   struct node{
4       int num;
5       struct node *next;
6   };
7   struct node *CreatLink(void);
8   void OutputLink(struct node *head);
9   struct node *TurnbackLink(struct node *head);
10  int main(void){
11      struct node *head;
12      head = CreatLink();
13      printf("原始表：\n");
14      OutputLink(head);
15      head = TurnbackLink(head);
16      printf("反转表：\n");
17      OutputLink(head);
18      return 0;
19  }
20  //函数功能：创建链表
21  struct node *CreatLink(void){
22      int temp;
23      struct node *head = NULL;
24      struct node *p1 = NULL, *p2 = NULL;
25      printf("请输入链表（非数表示结束）：\n 节点值：");
26      while (scanf("%d", &temp) == 1){
27          p1 = (struct node *)malloc(sizeof(struct node));
28          (head == NULL) ? (head = p1) : (p2->next = p1);
29          p1->num = temp;
30          printf("节点值：");
31          p2 = p1;
32      }
33      p2->next = NULL;
```

```
34          return head;
35      }
36      //函数功能：输出链表
37      void OutputLink(struct node *head){
38          struct node *p1;
39          for (p1=head; p1!=NULL; p1=p1->next){
40              printf("%4d", p1->num);
41          }
42          printf("\n");
43      }
44      //函数功能：返回反转链表的头节点
45      struct node *TurnbackLink(struct node *head){
46          struct node *new, *p1, *p2, *newhead = NULL;
47          do{
48              p2 = NULL;
49              //从头节点开始找表尾
50              for (p1 = head; p1->next!=NULL; p1=p1->next){
51                  p2 = p1;                    //p2 指向 p1 的前一节点
52              }
53              if (newhead == NULL){           //表尾节点变成头节点
54                  newhead = p1;               //newhead 指向 p1
55                  new = newhead->next = p2;   //new 指向 p1 的前一节点 p2
56              }
57              new = new->next = p2;           //new 指向其前一节点 p2
58              p2->next = NULL;                //标记 p2 为新的表尾节点
59          }while (head->next != NULL);        //head 指向的表为空时结束
60          return newhead;
61      }
```

程序运行结果如下：

请输入链表（非数表示结束）：
节点值：3✓
节点值：4✓
节点值：5✓
节点值：6✓
节点值：7✓
节点值：end✓
原始表：
   3   4   5   6   7
反转表：
   7   6   5   4   3

9.12 **手机通讯录**。请编程实现手机通讯录管理系统，采用如下的结构体类型定义创建单向链表保存联系人的姓名和电话信息：

```
struct friends{
    char name[20];
    char phone[12];
    struct friends *next;
};
```

然后，采用单向链表编程完成以下功能（在 main 函数中依次调用这些函数即可）：

（1）建立单向链表来存放联系人的信息，如果输入大写'Y'字符，则继续创建节点存储联系人信息，否则按任意键结束输入。

（2）输出链表中联系人的信息。

（3）查询联系人的信息。

（4）释放链表所占的内存。

【参考答案】参考程序如下。

```
1    #include<stdio.h>
2    #include<stdlib.h>
3    #include <string.h>
4    struct friends{
5        char name[20];
6        char phone[12];
7        struct friends*next;
8    };
9    struct friends *CreatList(struct friends *head);
10   void PrintList(struct friends *head);
11   struct friends *Search(struct friends *head, char name[]);
12   void Pfree(struct friends *head);
13   int main(void){
14       struct friends *head = NULL;
15       head = CreatList(head);
16       if (head == NULL){
17           return 0;
18       }
19       PrintList(head);
20       char name[20];
21       printf("请输入要查找联系人姓名：\n");
22       scanf("%s", name);
23       struct friends *p = Search(head, name);
24       if (p != NULL){
25           printf("该联系人的姓名：%s 电话：%s   \n", p->name, p->phone);
26       }
27       else{
28           printf("不存在此联系人\n");
29       }
30       Pfree(head);
31       return 0;
32   }
33   //函数功能：创建链表
34   struct friends *CreatList(struct friends *head){
35       struct friends *q, *tail;
36       char flag = 'Y';
37       head = (struct friends *)malloc(sizeof(struct friends));
38       head->next = NULL;
39       tail = head;
40       while (flag == 'Y'){
41           printf("请依次输入每个联系人姓名，电话：\n");
42           q = (struct friends *)malloc(sizeof(struct friends));
43           if (head == NULL){
44               printf("创建失败！");
45               return NULL;
46           }
47           q->next = NULL;
48           scanf("%s %s", q->name, q->phone);
49           tail->next = q;
50           tail = q;
51           printf("是否继续输入,按 Y 键继续输入，其他键就结束.\n");
```

```
52                getchar();
53                flag = getchar();
54            }
55        return head;
56    }
57    //函数功能：打印链表
58    void PrintList(struct friends *head){
59        printf("输出所有联系人信息为:姓名 电话\n");
60        struct friends *p = head->next;
61        while (p != NULL){
62            printf("%s %s\n", p->name, p->phone);
63            p = p->next;
64        }
65    }
66    //函数功能：查询联系人信息
67    struct friends *Search(struct friends *head, char name[]){
68        struct friends *p = head->next;
69        while (p != NULL){
70            if (strcmp(p->name, name) == 0){
71                return p;
72            }
73            p = p->next;
74        }
75        return NULL;
76    }
77    //函数功能：释放链表中的节点
78    void Pfree(struct friends *head){
79        struct friends *p = head, *pr = NULL;
80        while (p != NULL){
81            pr = p;
82            p = p->next;
83            free(pr);
84        }
85    }
```

程序运行结果如下：

请依次输入每个联系人姓名，电话：
wang 1363456✓
是否继续输入，按 Y 键继续输入，其他键就结束.
Y✓
请依次输入每个联系人姓名，电话：
li 34567890✓
是否继续输入，按 Y 键继续输入，其他键就结束.
Y✓
请依次输入每个联系人姓名，电话：
zhang 138964523✓
是否继续输入，按 Y 键继续输入，其他键就结束.
N✓
输出所有联系人信息:姓名 电话
wang 1363456
li 34567890
zhang 138964523
请输入要查找联系人姓名：
zhang✓
该联系人的姓名：zhang 电话：138964523

习　题　10

10.1 **文件内容拆分**。《Yesterday Once More》是英国歌手 Karen Carpenter（凯伦·卡朋特）的代表作，这首歌的歌名可译为"昨日重现"或者"昔日重来"，曾入围奥斯卡百年金曲。这首歌好像娓娓道来自己的故事，并不十分伤感，但又充满淡淡忧伤情绪，加上怀旧风格的旋律，令人陷入歌中所营造昔日美好气氛里，沉醉不已。从 1973 年到今天，这首歌已经成为全世界最经典的英文金曲之一。这首歌的部分歌词和大意如下：

When I was young

当我年轻时

I'd listen to the radio

我喜欢听收音机

Waiting for my favorite songs

等待着我最喜欢的歌曲

When they played I'd sing along

当歌曲播放时我和着它轻轻吟唱

It made me smile

我脸上洋溢着幸福的微笑

Those were such happy times

那时的时光多么幸福

and not so long ago

且它并不遥远

How I wondered

我记不清

Where they'd gone

它们何时消逝

But they're back again

但是它们再次回访

just like a long lost friend

像一个久无音讯的老朋友

All the songs I love so well

所有我喜爱万分的歌曲

Every shalala every wo'wo

每一声 sha-la-la-la　每一声 wo-o-wo-o

still shines

仍然光芒四射

Every shing-a-ling-a-ling

每一声　shing-a-ling-a-ling

that they're starting to sing

当他们开始唱时

so fine

都如此悦耳

When they get to the part

当他们唱到

where he's breaking her heart

他让她伤心那段时

It can really make me cry

真的令我哭了

just like before

像从前那样

It's yesterday once more

这是昨日的重现

请编程将上面的歌词复制粘贴到一个文本文件中，然后从文本文件中读出这首歌的英文歌词和中文大意，将英文歌词和中文大意分开，分别保存到另外两个文本文件中。

【参考答案】参考程序如下。

```
1   #include <stdio.h>
2   #define M   100        //最多 100 行
3   #define N   50         //每行最多 50 个字符
4   int SplitFile(const char *srcName, const char *dstName1, const char *dstName2);
5   int ReadFile(const char *srcName, char englishStr[][N], char chineseStr[][N]);
6   int WriteFile(const char *dstName, char str[][N], int n);
7   int main(void){
8       char srcFilename[N];
9       char dstFilename1[N], dstFilename2[N];
10      printf("Input source filename:");
11      scanf("%s", srcFilename);
12      printf("Input destination filename1:");
13      scanf("%s", dstFilename1);
14      printf("Input destination filename2:");
15      scanf("%s", dstFilename2);
16      if (SplitFile(srcFilename, dstFilename1, dstFilename2)){
17          printf("Split succeed!\n");
18      }
19      else{
20          printf("Split failed!\n");
21      }
22      return 0;
23  }
24  //函数功能：把 srcName 文件内容复制到 dstName 文件，返回非 0 值表示复制成功
25  int SplitFile(const char *srcName, const char *dstName1, const char *dstName2){
26      char englishStr[M][N], chineseStr[M][N];
27      int n = ReadFile(srcName, englishStr, chineseStr);
28      if (n == 0){
29          return 0;
30      }
31      if (WriteFile(dstName1, englishStr, n) == 0){
32          return 0;
33      }
34      if (WriteFile(dstName2, chineseStr, n) == 0){
35          return 0;
36      }
37      return 1;
38  }
```

```
39      //函数功能：从 srcName 文件中分别读取英文行和中文行，存入数组 englishStr 和 chineseStr
40      int ReadFile(const char *srcName, char englishStr[][N], char chineseStr[][N]){
41          FILE *fpSrc = fopen(srcName, "r");
42          if (fpSrc == NULL){
43              printf("Failure to open %s!\n", srcName);
44              return 0;
45          }
46          int i;
47          for (i=0; !feof(fpSrc); i++){
48              fgets(englishStr[i], sizeof(englishStr[i]), fpSrc);
49              fgets(chineseStr[i], sizeof(englishStr[i]), fpSrc);
50          }
51          fclose(fpSrc);
52          return i; //返回读取的英文（或中文）字符串的数量
53      }
54      //函数功能：将数组 str 中的 n 个字符串写入 dstName 文件
55      int WriteFile(const char *dstName, char str[][N], int n){
56          FILE *fpDst = fopen(dstName, "w");
57          if (fpDst == NULL){
58              printf("Failure to open %s!\n", dstName);
59              return 0;
60          }
61          for (int i=0; i<n; i++){
62              fputs(str[i], fpDst);
63          }
64          fclose(fpDst);
65          return 1;
66      }
```

程序运行结果如下：

```
Input source filename:demo.txt↙
Input destination filename1:english.txt↙
Input destination filename2:chinese.txt↙
Split succeed!
```

10.2 单词数统计。在习题 10.1 的基础上，从文本文件中读入这首歌的英文歌词（假设每句歌词的字符数不超过 800），然后统计并输出其中的单词数。注意，仅统计以空格和换行为分隔符的单词，类似 they'd 和 shing-a-ling-a-ling 这样的词都当作一个单词来统计。

【参考答案】参考程序如下。

```
1       #include <stdio.h>
2       #define M    100          //最多100行
3       #define N    80           //每行最多80个字符
4       int ReadFile(const char *srcName, char str[][N]);
5       int CountWords(char str[]);
6       int main(void){
7           char srcFilename[N];
8           char str[M][N];
9           printf("Input source filename:");
10          scanf("%s", srcFilename);
11          int n = ReadFile(srcFilename, str);
12          int total = 0;
13          for (int i=0; i<n; i++){
14              total += CountWords(str[i]);
15          }
```

```
16          printf("Total words:%d\n", total);
17          return 0;
18      }
19      //函数功能：从 srcName 文件中读取字符串，存入数组 str，返回字符串总数
20      int ReadFile(const char *srcName, char str[][N]){
21          FILE *fpSrc = fopen(srcName, "r");
22          if (fpSrc == NULL){
23              printf("Failure to open %s!\n", srcName);
24              return 0;
25          }
26          int i;
27          for (i=0; !feof(fpSrc); i++){
28              fgets(str[i], sizeof(str[i]), fpSrc);
29          }
30          fclose(fpSrc);
31          return i;               //返回读取的英文（或中文）字符串的数量
32      }
33      //统计 str 中的一行字符串中的单词个数
34      int CountWords(char str[]){
35          int  num = (str[0]!=' ') ? 1 : 0;
36          for (int i=1; str[i]!='\0'; i++){
37              if (str[i]!=' ' && str[i-1]==' '){
38                  num++;
39              }
40          }
41          return num;            //return (str[0]!=' ') ? num+1 : num;
42      }
```

程序运行结果如下：

```
Input source filename:english.txt↙
Total words:96
```

10.3 单词替换。在习题 10.2 的基础上，从文本文件中读入这首歌的英文歌词（假设每句歌词的字符数不超过 800），将其中出现的 I'd 替换为 I would，将 they'd 替换为 they would，将 they're 替换为 they are，将 It's 替换为 It is，将 he's 替换为 he is，然后保存到一个新的文件中，再从该文件中读出这些英文歌词，然后重新统计并输出其中的单词数。

【参考答案】参考程序如下。

```
1       #include <stdio.h>
2       #define M   100         //最多 80 行
3       #define N   80          //每行最多 80 个字符
4       int ReadFile(const char *srcName, char str[][N]);
5       int ReplacetoFile(const char *dstName, char str[][N], int n);
6       int CountWords(char str[]);
7       int main(void){
8           char srcFilename[N];
9           char dstFilename[N];
10          char str[M][N];
11          printf("Input source filename:");
12          scanf("%s", srcFilename);
13          printf("Input destination filename:");
14          scanf("%s", dstFilename);
15          int n = ReadFile(srcFilename, str);
16          if (ReplacetoFile(dstFilename, str, n)){
17              printf("Replace succeed!\n");
```

```
18          }
19      else{
20          printf("Replace failed!\n");
21      }
22      n = ReadFile(dstFilename, str);
23      int total = 0;
24      for (int i=0; i<n; i++){
25          total += CountWords(str[i]);
26      }
27      printf("Total words:%d\n", total);
28      return 0;
29  }
30  //函数功能：从 srcName 文件中读取字符串，存入数组 str，返回字符串总数
31  int ReadFile(const char *srcName, char str[][N]){
32      FILE *fpSrc = fopen(srcName, "r");
33      if (fpSrc == NULL){
34          printf("Failure to open %s!\n", srcName);
35          return 0;
36      }
37      int i;
38      for (i=0; !feof(fpSrc); i++){
39          fgets(str[i], sizeof(str[i]), fpSrc);
40      }
41      fclose(fpSrc);
42      return i - 1; //返回读取的字符串数量，最后一行的换行不计算在内
43  }
44  //函数功能：将数组 str 中的 n 个字符串中的特殊单词替换后写入 dstName 文件
45  int ReplacetoFile(const char *dstName, char str[][N], int n){
46      FILE *fpDst = fopen(dstName, "w");
47      if (fpDst == NULL){
48          printf("Failure to open %s!\n", dstName);
49          return 0;
50      }
51      for (int i=0; i<n; i++){
52          for (int j=0; str[i][j]!='\0'; j++){
53              if (str[i][j]=='\'' && str[i][j+1]=='d'){
54                  fputc(' ', fpDst);
55                  fputc('w', fpDst);
56                  fputc('o', fpDst);
57                  fputc('u', fpDst);
58                  fputc('l', fpDst);
59                  fputc('d', fpDst);
60                  j++;
61              }
62              else if (str[i][j]=='\'' && str[i][j+1]=='s'){
63                  fputc(' ', fpDst);
64                  fputc('i', fpDst);
65                  fputc('s', fpDst);
66                  j++;
67              }
68              else if (str[i][j]=='\'' && str[i][j+1]=='r' && str[i][j+2]=='e'){
69                  fputc(' ', fpDst);
70                  fputc('a', fpDst);
71                  fputc('r', fpDst);
```

151

```
72                    fputc('e', fpDst);
73                    j += 2;
74                }
75                else{
76                    fputc(str[i][j], fpDst);
77                }
78            }
79        }
80        fclose(fpDst);
81        return 1;
82    }
83    //函数功能：统计 str 中的一行字符串中的单词个数
84    int CountWords(char str[]){
85        int  num = (str[0]!=' ') ? 1 : 0;
86        for (int i=1; str[i]!='\0'; i++){
87            if (str[i]!=' ' && str[i-1]==' '){
88                num++;
89            }
90        }
91        return num;
92    }
```

程序运行结果如下：

```
Input source filename:english.txt↙
Input destination filename:new.txt↙
Replace succeed!
Total words:103
```

10.4 词频统计。在习题 10.3 的基础上，从文本文件中读入这首歌的英文歌词（假设每句歌词的字符数不超过 800），然后输入一个指定的英文单词，统计并输出该单词在英文歌词中出现的频次。

【参考答案】参考程序如下。

```
1    #include <stdio.h>
2    #include <string.h>
3    #define M   400          //最多 400 个单词
4    #define N   10           //每个单词最多 10 个字符
5    int ReadFile(const char *srcName, char str[][N]);
6    int WordMatching(char str[][N], int n, char word[]);
7    int main(void){
8        char srcFilename[N];
9        char str[M][N], word[N];
10       printf("Input source filename:");
11       scanf("%s", srcFilename);
12       int n = ReadFile(srcFilename, str);
13       printf("Input a word:");
14       scanf("%s", word);
15       printf("Total words:%d\n", WordMatching(str, n, word));
16       return 0;
17   }
18   //函数功能：从 srcName 文件中读取字符串，存入数组 str，返回字符串总数
19   int ReadFile(const char *srcName, char str[][N]){
20       FILE *fpSrc = fopen(srcName, "r");
21       if (fpSrc == NULL){
22           printf("Failure to open %s!\n", srcName);
```

```
23        return 0;
24    }
25    int i;
26    for (i=0; !feof(fpSrc); i++){
27        fscanf(fpSrc, "%s", str[i]);
28    }
29    fclose(fpSrc);
30    return i - 1; //返回读取的字符串数量，最后一行的换行不计算在内
31  }
32  //函数功能：统计 str 中有多少个与 word 匹配的单词
33  int WordMatching(char str[][N], int n, char word[]){
34    int num = 0;
35    for (int i=1; i<n; i++){
36        if (strcmp(str[i], word) == 0){
37            num++;
38        }
39    }
40    return num;
41  }
```

程序运行结果如下：

Input source filename:new.txt✓
Input a word:they✓
Total words:5

10.5 点名神器。请分别使用定长的结构体数组和一维动态数组编写一个点名神器，从文件中读取学生名单，每按一次回车键，就从学生名单中随机抽取 1 个学生，直到按 ESC 键或者学生名单中的学生全部抽完为止，要求每个学生最多只能被抽中一次，即不能被重复点到名字。

```
typedef struct{
    char name[N];        //被点名者的信息（例如学号和姓名）
    short flag;          //标记是否被点过名
}ROLL;
```

使用定长的结构体数组来实现点名神器，请使用如下函数原型：

```
//函数功能：从文件 filename 中读取名单存入结构体数组 msg，并返回名单中的实际人数
int ReadFromFile(char fileName[], ROLL msg[]);
//函数功能：随机点名，总计名单中有 total 个学生
void MakeRollCall(ROLL msg[], int total);
```

使用一维动态数组来实现点名神器，请使用如下函数原型：

```
//函数功能：从文件 filename 中读取名单存入一维动态数组 msg，并返回名单中的实际人数
int ReadFromFile(char fileName[], ROLL *msg, int n);
//函数功能：随机点名，总计名单中有 total 个学生
void MakeRollCall(ROLL *msg, int total);
```

【参考答案】方法 1：使用定长的结构体数组实现点名神器的参考程序如下。

```
1   #include <stdio.h>
2   #include <conio.h>
3   #include <stdlib.h>
4   #include <time.h>
5   #define NO 120                    //设定数组的最大长度
6   #define SIZE 30
7   typedef struct{
8       char name[SIZE];              //被点名者的信息（例如学号和姓名）
9       short flag;                   //标记是否被点过名
10  }ROLL;
11  int ReadFromFile(char fileName[], ROLL msg[]);
```

```
12    void MakeRollCall(ROLL msg[], int total);
13    int main(void){
14        ROLL msg[NO];                    //定长数组
15        char *fileName = "student.txt";
16        int total = ReadFromFile(fileName, msg);
17        printf("总计%d 名学生\n 现在开始随机点名\n", total);
18        MakeRollCall(msg, total);    //随机点名
19        return 0;
20    }
21    //函数功能：从文件 filename 中读取名单存入数组 msg
22    int ReadFromFile(char fileName[], ROLL msg[]){
23        FILE *fp = fopen(fileName, "r");
24        if (fp == NULL){
25            printf("can not open file %s\n", fileName);
26            return 1;
27        }
28        int i = 0;
29        while(fgets(msg[i].name, sizeof(msg[i].name), fp)){
30            i++;
31        }
32        fclose(fp);
33        return i;
34    }
35    //函数功能：随机点名，总计名单中有 total 个学生
36    void MakeRollCall(ROLL msg[], int total){
37        srand(time(NULL));
38        for (int i=0; i<total; i++){
39          msg[i].flag = 0;                       //标记都没有被点过
40        }
41        char ch = ' ';
42        int i = 0;
43        do{
44            int k = rand() % total;              //随机确定被点名学生的下标
45            if (kbhit() && msg[k].flag == 0){    //当有按键，并且第 k 个人也没有被点过
46                ch = getch();                    //等待用户按任意键，以回车符结束输入
47                if (ch != 27){
48                    i++;
49                    printf("请第%d 位同学回答问题: %s\n", i, msg[k].name);
50                    msg[k].flag = 1;             //标记其已经被点过
51                }
52            }
53        }while (ch != 27 && i < total);
54        if (ch == 27){
55            printf("点名结束\n");
56        }
57        else{
58            printf("所有同学均已点名完毕\n");
59        }
60    }
```

方法 2：使用一维动态数组实现点名神器的参考程序如下。

```
1    #include <stdio.h>
2    #include <conio.h>
3    #include <stdlib.h>
4    #include <time.h>
```

```
5    #define SIZE 30
6    typedef struct{
7        char name[SIZE];    //被点名者的信息（例如学号和姓名）
8        short flag;         //标记是否被点过名
9    }ROLL;
10   int ReadFromFile(char fileName[], ROLL *msg, int n);
11   void MakeRollCall(ROLL *msg, int total);
12   int main(void){
13       int n;
14       printf("How many students?");
15       scanf("%d", &n);                                  //输入学生人数
16       ROLL *msg = (ROLL *)malloc(n * sizeof(ROLL));     //向系统申请内存
17       if (msg == NULL){        //确保指针使用前是非空指针，为空指针时结束程序运行
18           printf("No enough memory!\n");
19           exit(1);
20       }
21       char *fileName = "student.txt";
22       int total = ReadFromFile(fileName, msg, n);
23       printf("总计%d 名学生\n 现在开始随机点名\n", total);
24       MakeRollCall(msg, total);   //随机点名
25       free(msg);                       //释放向系统申请的内存
26       return 0;
27   }
28   //函数功能：从文件 filename 中读取名单存入数组 msg，返回名单中的实际人数
29   int ReadFromFile(char fileName[], ROLL *msg, int n){
30       FILE *fp = fopen(fileName, "r");
31       if (fp == NULL){
32           printf("can not open file %s\n", fileName);
33           return 1;
34       }
35       int i;
36       for (i=0; i<n; i++){    //读取几条记录，若已经读到文件尾，则结束循环
37           if (!fgets(msg[i].name, sizeof(msg[i].name), fp)) break;
38       }
39       fclose(fp);
40       return i;                //返回名单中的实际人数
41   }
42   //函数功能：随机点名，总计名单中有 total 个学生
43   void MakeRollCall(ROLL *msg, int total){
44       srand(time(NULL));
45       for (int i=0; i<total; i++){
46           msg[i].flag = 0;                        //标记都没有被点过
47       }
48       char ch = ' ';
49       int i = 0;
50       do{
51           int k = rand() % total;              //随机确定被点名学生的下标
52           if (kbhit() && msg[k].flag == 0){    //当有按键，并且第 k 个人也没有被点过
53               ch = getch();                     //等待用户按任意键，以回车符结束输入
54               if (ch != 27){
55                   i++;
56                   printf("请第%d 位同学回答问题：%s\n", i, msg[k].name);
57                   msg[k].flag = 1;              //标记其已经被点过
58               }
```

```
59            }
60        }while (ch != 27 && i < total);
61        if (ch == 27){
62            printf("点名结束\n");
63        }
64        else{
65            printf("所有同学均已点名完毕\n");
66        }
67    }
```

程序运行结果略。

第3单元
典型实验案例

1. 身高预测

实验任务和要求：据相关研究表明，影响儿童成人后的身高的因素不仅包括先天的遗传因素和性别因素，也包括后天的饮食习惯与体育锻炼等。设其父身高为 faHeight，其母身高为 moHeight，则遗传身高的预测公式为：

男孩成人后身高 = (faHeight + moHeight) × 0.54 cm

女孩成人后身高 = (faHeight × 0.923 + moHeight) / 2 cm

如果喜爱体育锻炼，则可增加身高 2%；如果有良好的饮食习惯，则可增加身高 1.5%。

请编写程序，从键盘输入用户的性别（F 或 f 表示女性，M 或 m 表示男性）、父母身高、是否喜爱体育锻炼（Y 或 y 表示喜爱，N 或 n 表示不喜爱）、是否有良好的饮食习惯（Y 或 y 表示良好，N 或 n 表示不好），然后根据给定的身高预测方法预测并输出儿童成人后的身高。

要求：（1）用级联形式的 if-else 语句编程实现，掌握逻辑运算符的正确使用方法。（2）程序要具有一定的健壮性，对用户输入的性别、是否喜欢体育运动、是否有良好饮食习惯以及一些边界条件（例如输入的父母身高为负数）进行验证。

程序运行结果示例如下：

测试编号	程序运行结果示例
1	Are you a boy(M) or a girl(F)?F✓ Please input your father's height(cm):182✓ Please input your mother's height(cm):162✓ Do you like sports(Y/N)?N✓ Do you have a good habit of diet(Y/N)?Y✓ Your future height will be 167(cm)
2	Are you a boy(M) or a girl(F)?M✓ Please input your father's height(cm):182✓ Please input your mother's height(cm):162✓ Do you like sports(Y/N)?Y✓ Do you have a good habit of diet(Y/N)?N✓ Your future height will be 189(cm)
3	Are you a boy(M) or a girl(F)? B✓ Invalid input for gender.
4	Are you a boy(M) or a girl(F)? F✓ Please input your father's height(cm): -182✓ Invalid input for father's height.
5	Are you a boy(M) or a girl(F)? F✓ Please input your father's height(cm): 182✓ Please input your mother's height(cm): 162✓ Do you like sports(Y/N)? C✓ Invalid input for sports.

参考程序 1 如下：

```
1   #include <stdio.h>
2   #define C1 0.54              //假设男孩身高预测系数
3   #define C2 0.923             //假设女孩身高预测系数
4   #define SPORTS_BONUS 0.02    //根据是否喜欢体育运动调整身高预测的系数
5   #define DIET_BONUS 0.015     //根据是否有良好饮食习惯调整身高预测的系数
6   int main(void)
7   {
8       char gender;             //孩子的性别
9       char sports;            //是否喜欢体育运动
10      char diet;              //是否有良好的饮食习惯
11      double myHeight = 0;    //孩子身高
12      double faHeight = 0;    //父亲身高
13      double moHeight = 0;    //母亲身高
14      printf("Are you a boy(M) or a girl(F)? ");
15      if (scanf(" %c", &gender) != 1 || (gender != 'M' && gender != 'm'
16          && gender != 'F' && gender != 'f')){
17          printf("Invalid input for gender.\n");
18          return 1;
19      }
20      printf("Please input your father's height(cm): ");
21      if (scanf("%lf", &faHeight) != 1 || faHeight <= 0){
22          printf("Invalid input for father's height.\n");
23          return 1;
24      }
25      printf("Please input your mother's height(cm): ");
26      if (scanf("%lf", &moHeight) != 1 || moHeight <= 0){
27          printf("Invalid input for mother's height.\n");
28          return 1;
29      }
30      printf("Do you like sports(Y/N)? ");
31      if (scanf(" %c", &sports) != 1 || (sports != 'Y' && sports != 'y'
32          && sports != 'N' && sports != 'n')){
33          printf("Invalid input for sports.\n");
34          return 1;
35      }
36      printf("Do you have a good habit of diet(Y/N)? ");
37      if (scanf(" %c", &diet) != 1 || (diet != 'Y' && diet != 'y'
38          && diet != 'N' && diet != 'n')){
39          printf("Invalid input for diet.\n");
40          return 1;
41      }
42      if (gender == 'M' || gender == 'm'){
43          myHeight = (faHeight + moHeight) * C1;
44      }
45      else{
46          myHeight = (faHeight * C2 + moHeight) / 2.0;
47      }
48      if (sports == 'Y' || sports == 'y'){
49          myHeight *= (1 + SPORTS_BONUS);
50      }
51      if (diet == 'Y' || diet == 'y'){
52          myHeight *= (1 + DIET_BONUS);
53      }
54      printf("Your future height will be %.0f(cm)\n", myHeight);
55      return 0;
56  }
```

参考程序 2 如下：

```
1   #include <stdio.h>
2   #include <ctype.h>
3   #define C1 0.54                     //假设男孩身高预测系数
4   #define C2 0.923                    //假设女孩身高预测系数
5   #define SPORTS_BONUS 0.02
6   #define DIET_BONUS 0.015
7   int main(void){
8       char gender;                    //孩子的性别
9       char sports;                    //是否喜欢体育运动
10      char diet;                      //是否有良好的饮食习惯
11      double myHeight = 0;            //孩子身高
12      double faHeight = 0;            //父亲身高
13      double moHeight = 0;            //母亲身高
14      printf("Are you a boy(M) or a girl(F)? ");
15      if (scanf(" %c", &gender) != 1 || (tolower(gender) != 'm'
16          && tolower(gender) != 'f')){
17          printf("Invalid input for gender.\n");
18          return 1;
19      }
20      printf("Please input your father's height(cm): ");
21      if (scanf("%lf", &faHeight) != 1 || faHeight <= 0){
22          printf("Invalid input for father's height.\n");
23          return 1;
24      }
25      printf("Please input your mother's height(cm): ");
26      if (scanf("%lf", &moHeight) != 1 || moHeight <= 0){
27          printf("Invalid input for mother's height.\n");
28          return 1;
29      }
30      printf("Do you like sports(Y/N)? ");
31      if (scanf(" %c", &sports) != 1 || (tolower(sports) != 'y'
32          && tolower(sports) != 'n')){
33          printf("Invalid input for sports.\n");
34          return 1;
35      }
36      printf("Do you have a good habit of diet(Y/N)? ");
37      if (scanf(" %c", &diet) != 1 || (tolower(diet) != 'y'
38          && tolower(diet) != 'n')){
39          printf("Invalid input for diet.\n");
40          return 1;
41      }
42      if (tolower(gender) == 'm'){
43          myHeight = (faHeight + moHeight) * C1;
44      }
45      else{
46          myHeight = (faHeight * C2 + moHeight) / 2.0;
47      }
48      if (tolower(sports) == 'y'){
49          myHeight *= (1 + SPORTS_BONUS);
50      }
51      if (tolower(diet) == 'y'){
52          myHeight *= (1 + DIET_BONUS);
53      }
54      printf("Your future height will be %.0f(cm)\n", myHeight);
55      return 0;
56  }
```

2. 判断三角形类型

实验任务和要求：输入三角形的三条边的长度 a，b，c，判断它们能否构成三角形。若能构成三角形，指出是何种三角形（等腰三角形、等边三角形、直角三角形、等腰直角三角形、一般三角形），否则输出"不是三角形"。

要求用函数判断三角形的类型，并使用黑盒测试方法对程序进行测试。

程序运行结果示例如下：

测试编号	程序运行结果示例
1	Input a,b,c:3,4,5↙ 直角三角形
2	Input a,b,c:4,4,5↙ 等腰三角形
3	Input a,b,c:10,10,14.14↙ 等腰直角三角形
4	Input a,b,c:4,4,4↙ 等边三角形
5	Input a,b,c:3,4,6↙ 一般三角形
6	Input a,b,c:3,4,9↙ 不是三角形

参考程序如下：

```
1    #include <stdio.h>
2    #include <math.h>
3    #include <stdbool.h>
4    #define EPS  1e-1
5    bool AreAllSidesPositive(double a, double b, double c) ;
6    bool CanFormTriangle(double a, double b, double c) ;
7    bool Triangle(double a, double b, double c) ;
8    bool Equilateral(double a, double b, double c) ;
9    bool Isosceles(double a, double b, double c) ;
10   bool Right(double a, double b, double c) ;
11   int  main(void){
12       double a, b, c;
13       printf("Input a,b,c:");
14       scanf("%lf,%lf,%lf", &a, &b, &c);
15       if (Triangle(a, b, c)){
16           if (Equilateral(a, b, c)){
17               printf("等边三角形\n");
18           }
19           else{
20               int isIsosceles = Isosceles(a, b, c);
21               int isRight = Right(a, b, c);
22               if (isIsosceles && isRight){
23                   printf("等腰直角三角形\n");
24               }
25               else if (isIsosceles){
26                   printf("等腰三角形\n");
27               }
28               else if (isRight){
29                   printf("直角三角形\n");
30               }
31               else{
32                   printf("一般三角形\n");
33               }
34           }
35       }
```

```
36          else{
37              printf("不是三角形\n");
38          }
39          return 0;
40  }
41  //函数功能：判断一个三角形的三条边长是否都为正数
42  bool AreAllSidesPositive(double a, double b, double c){
43      return a > 0 && b > 0 && c > 0;
44  }
45  //函数功能：根据给定的三条边长度，判断是否能构成三角形
46  bool CanFormTriangle(double a, double b, double c){
47      return (a + b > c) && (a + c > b) && (b + c > a);
48  }
49  //函数功能：判断给定的三条边是否都为正数，且能否构成三角形
50  bool Triangle(double a, double b, double c){
51      return AreAllSidesPositive(a, b, c) && CanFormTriangle(a, b, c);
52  }
53  //函数功能：判断三条边是否构成等腰三角形
54  bool Equilateral(double a, double b, double c){
55      return (fabs(a - b) <= EPS) && (fabs(b - c) <= EPS);
56  }
57  //函数功能：判断三条边是否构成等边三角形
58  bool Isosceles(double a, double b, double c){
59      return (fabs(a - b) <= EPS) || (fabs(b - c) <= EPS) || (fabs(a - c) <= EPS);
60  }
61  //函数功能：判断三条边是否构成直角三角形
62  bool Right(double a, double b, double c){
63      double a2 = a * a;
64      double b2 = b * b;
65      double c2 = c * c;
66      return (fabs(a2+b2-c2)<=EPS || fabs(a2+c2-b2)<=EPS || fabs(c2+b2-a2)<=EPS);
67  }
```

3. 猜拳游戏

实验任务和要求：请设计一个与计算机进行猜拳游戏的程序，由计算机随机出石头、剪刀或布，由玩家输入石头、剪刀或布，如果计算机赢了，则程序输出"你赢了\n"，如果计算机输了，则程序输出"你输了\n"，如果计算机与玩家是平局，则输出"平局\n"。

要求用分别使用 switch 语句和函数编程，且程序对用户的输入具有一定的健壮性。

程序运行结果示例如下：

测试编号	程序运行结果示例
1	-----猜拳游戏----- 请输入(1=石头 2=剪刀 3=布):1↵ 你出的是石头 计算机出的是布 你输了
2	-----猜拳游戏----- 请输入(1=石头 2=剪刀 3=布):3↵ 你出的是布 计算机出的是石头 你赢了
3	-----猜拳游戏----- 请输入(1=石头 2=剪刀 3=布):2↵ 你出的是剪刀 计算机出的是剪刀 平局

参考程序如下：

```
1    #include <stdio.h>
2    #include <stdlib.h>
3    #include <time.h>
4    int GetUserInput(void);
5    void PrintChoice(int choice, const char *name);
6    void DetermineResult(int people, int computer);
7    int GetComputerInput();
8    int main(void){
9        printf("-----猜拳游戏-----\n");
10       int people = GetUserInput();
11       int computer = GetComputerInput();
12       PrintChoice(people, "你出的是");
13       PrintChoice(computer, "计算机出的是");
14       DetermineResult(people, computer);
15       return 0;
16   }
17   //函数功能：获取用户输入并验证合法性
18   int GetUserInput(void){
19       int input;
20       while (1){
21           printf("请输入(1=石头 2=剪刀 3=布):");
22           if (scanf("%d", &input) != 1 || input < 1 || input > 3){
23               printf("输入无效，请重新输入\n");
24               while (getchar() != '\n');            // 清除输入缓冲区
25           }
26           else{
27               break;
28           }
29       }
30       return input;
31   }
32   //函数功能：获取计算机随机输入
33   int GetComputerInput(void){
34       srand(time(NULL));
35       return rand() % 3 + 1;
36   }
37   //函数功能：打印玩家或计算机的选择
38   void PrintChoice(int choice, const char *name){
39       switch (choice){
40           case 1:
41               printf("%s 石头\n", name);
42               break;
43           case 2:
44               printf("%s 剪刀\n", name);
45               break;
46           case 3:
47               printf("%s 布\n", name);
48               break;
49       }
50   }
51   //函数功能：确定游戏胜负情况
52   void DetermineResult(int people, int computer){
53       if (people == computer){
54           printf("平局\n");
55       }
56       else if ((people == 1 && computer == 2) ||
57               (people == 2 && computer == 3) ||
```

```
58                (people == 3 && computer == 1)){
59            printf("你赢了\n");
60        }
61        else{
62            printf("你输了\n");
63        }
64 }
```

4. 计算水仙花数

实验任务和要求：水仙花数是指各位数字的立方和等于该数本身的三位数。例如，因为 $153 = 1^3+3^3+5^3$，所以 153 是水仙花数。请编程计算并输出所有的水仙花数。

要求使用穷举法和函数编写程序。

程序运行结果示例如下：

测试编号	程序运行结果示例
1	153　370　371　407

参考程序 1 的思路为：设水仙花数的百位、十位、个位数字分别为 i、j、k，利用三重循环遍历 i、j、k 的所有可能取值，调用函数 IsNarcissistic()判断由 i、j、k 构成的三位数是否为水仙花数，若这个三位数与其各位的立方和相等，则该三位数为水仙花数，然后打印这个数。代码如下：

```
1  #include <stdio.h>
2  #include <stdbool.h>
3  bool IsNarcissistic(int hundredsDigit, int tensDigit, int unitsDigit);
4  int main(void){
5      for (int i=1; i<=9; i++){          //遍历百位数字的所有可能取值，百位数字不能为 0
6          for (int j=0; j<=9; j++){      //遍历十位数字的所有可能取值
7              for (int k=0; k<=9; k++){  //遍历个位数字的所有可能取值
8                  if (IsNarcissistic(i, j, k)){
9                      printf("%d\t", i * 100 + j * 10 + k);
10                 }
11             }
12         }
13     }
14     printf("\n");
15     return 0;
16 }
17 //函数功能：判断一个三位数是否为水仙花数
18 bool IsNarcissistic(int hundredsDigit, int tensDigit, int unitsDigit){
19     //将个位、十位、百位数字还原为一个三位数
20     int original = hundredsDigit * 100 + tensDigit * 10 + unitsDigit;
21     //计算每个数字的立方和
22     int sumOfCubes = hundredsDigit * hundredsDigit * hundredsDigit +
23                      tensDigit * tensDigit * tensDigit +
24                      unitsDigit * unitsDigit * unitsDigit;
25     //返回是否为水仙花数的判断结果
26     return original == sumOfCubes;
27 }
```

参考程序 2 的思路为：因为水仙花数是一个三位数，所以水仙花数可能的取值范围为 [100,999]，采用一个单重循环遍历三位数 n 的每一个可能的取值，调用函数 IsNarcissistic()判断三位数 n 是否为水仙花数，先分离出 n 的百位、十位、个位数字，若其各位的立方和与三位数 n 相等，则该三位数为水仙花数。代码如下：

```
1  #include <stdio.h>
2  #include <stdbool.h>
3  bool IsNarcissistic(int n);
```

```
4    int main(void){
5        for (int n = 100; n < 1000; n++){
6            if (IsNarcissistic(n)){
7                printf("%d\t", n);
8            }
9        }
10       printf("\n");
11       return 0;
12   }
13   //函数功能：判断一个三位数是否为水仙花数
14   bool IsNarcissistic(int n){
15       //输入验证，确保 n 是三位数
16       if (n < 100 || n > 999)
17       {
18           return false;
19       }
20       //分离出百位、十位和个位数字
21       int hundredsDigit = n / 100;                //百位数字
22       int tensDigit = (n % 100) / 10;             //十位数字
23       int unitsDigit = n % 10;                    //个位数字
24       //计算每个数字的立方和
25       int sumOfCubes = hundredsDigit * hundredsDigit * hundredsDigit +
26                        tensDigit * tensDigit * tensDigit +
27                        unitsDigit * unitsDigit * unitsDigit;
28       //返回是否为水仙花数的判断结果
29       return n == sumOfCubes;
30   }
```

参考程序 3 的思路为：将 0 到 9 的十个数字的立方值存储在数组中，构建一个查找表，通过查表方式代替立方值的计算，通过以空间换时间对参考程序 2 进行进一步的优化。代码如下：

```
1    #include <stdio.h>
2    #include <stdbool.h>
3    bool IsNarcissistic(int n);
4    int main(void){
5        for (int n = 100; n < 1000; n++){
6            if (IsNarcissistic(n)){
7                printf("%d\t", n);
8            }
9        }
10       printf("\n");
11       return 0;
12   }
13   //函数功能：判断一个三位数是否为水仙花数
14   bool IsNarcissistic(int n){
15       //输入验证，确保 n 是三位数
16       if (n < 100 || n > 999){
17           return false;
18       }
19       int cubic[10] = {0, 1, 8, 27, 64, 125, 216, 343, 512, 729};
20       //分离出百位、十位和个位数字
21       int hundredsDigit = n / 100;               //百位数字
22       int tensDigit = (n % 100) / 10;            //十位数字
23       int unitsDigit = n % 10;                   //个位数字
24       //计算每个数字的立方和
25       int sumOfCubes = cubic[hundredsDigit] + cubic[tensDigit] +
26                        cubic[unitsDigit];
27       //返回是否为水仙花数的判断结果
```

```
28          return n == sumOfCubes;
29      }
```

参考程序 4 的思路为：用函数 IsNarcissistic() 实现判断一个三位数是否为水仙花数，然后利用一个单层循环遍历 100 到 999 之间的所有三位数，将找到的水仙花数存储在数组中，最后一次性输出。代码如下：

```
1   #include <stdio.h>
2   #include <stdbool.h>
3   bool IsNarcissistic(int num);
4   int main(void){
5       int narcissisticNumbers[10];         //存储水仙花数
6       int count = 0;
7       for (int i = 100; i <= 999; i++){     //遍历所有三位数
8           if (IsNarcissistic(i)){
9               narcissisticNumbers[count++] = i;
10          }
11      }
12      for (int i = 0; i < count; i++){      //输出所有水仙花数
13          printf("%d\t", narcissisticNumbers[i]);
14      }
15      printf("\n");
16      return 0;
17  }
18  //函数功能：判断一个三位数是否为水仙花数
19  bool IsNarcissistic(int num){
20      int original = num;
21      int sum = 0;
22      while (num > 0){
23          int digit = num % 10;
24          sum += digit * digit * digit;
25          num /= 10;
26      }
27      return sum == original;
28  }
```

5. 质因数分解

实验任务和要求：从键盘任意输入一个整数 m，若 m 不是素数，则对 m 进行质因数分解，并将 m 表示为质因数从小到大顺序排列的乘积形式输出，例如，用户输入 90 时，程序输出 90=2*3*3*5。若 m 是素数，则输出 "It is a prime number!"。

要求用函数实现素数的判断，用函数输出质因数分解结果，在进行质因数分解时，分别使用递归和非递归两种方法实现。

程序运行结果示例如下：

测试编号	程序运行结果示例
1	Input m:90↙ 90=2*3*3*5
2	Input m:13↙ It is a prime number!
3	Input m:-1↙ Input error!

递归方法实现的参考程序 1：

```
1   #include <stdio.h>
2   #include <math.h>
3   int IsPrime(int x);
4   void OutputPrimeFactor(int x);
```

```
5    int main(void){
6        int m;
7        printf("Input m:");
8        scanf("%d", &m);
9        if (m <= 1){                          //边界条件处理
10           printf("Input error!\n");
11       }
12       else if (IsPrime(m)){                 //若 m 为素数
13           printf("It is a prime number!\n");
14       }
15       else{                                 //若 m 不是素数
16           printf("%d=", m);
17           OutputPrimeFactor(m);             //输出 m 的质因数连乘结果
18       }
19       return 0;
20   }
21   //函数功能：判断 x 是否是素数，若函数返回 0，则表示不是素数，若返回 1，则表示是素数
22   int IsPrime(int x){
23       int flag = 1;
24       if (x <= 1)    flag = 0;              //负数、0 和 1 都不是素数
25       int squareRoot = (int)sqrt(x);
26       for (int i=2; i<=squareRoot && flag; i++){
27           if (x % i == 0) flag = 0;         //若能被整除，则不是素数
28       }
29       return flag;
30   }
31   //函数功能：输出 x 的质因数连乘
32   void OutputPrimeFactor(int x){
33       for (int i=2; i<x; i++){
34           if (x % i == 0){
35               printf("%d*", i);
36               OutputPrimeFactor(x / i);     //递归调用该函数
37               return;                       //不可以使用 break
38           }
39       }
40       printf("%d", x);        //输出最后一个因子（质因数，不能再分解），其后不输出*
41   }
```

非递归方法实现的参考程序 1：

```
1    #include <stdio.h>
2    #include <math.h>
3    #include <stdbool.h>
4    bool IsPrime(int n);
5    void OutputPrimeFactor(int x);
6    int main(void){
7        int m;
8        printf("Input m:");
9        scanf("%d", &m);
10       if (IsPrime(m)){                      //若 m 为素数
11           printf("It is a prime number!\n");
12       }
13       else{                                 //若 m 不是素数
14           OutputPrimeFactor(m);             //输出 m 的质因数连乘结果
15       }
16       return 0;
17   }
18   //函数功能：判断 x 是否是素数，若函数返回 0，则表示不是素数，若返回 1，则表示是素数
19   bool IsPrime(int n){
20       if (n <= 1) return false;             //负数、0 和 1 都不是素数
```

```
21      for (int i=2; i*i<=n; i++){
22          if (n % i == 0) return false;
23      }
24      return true;
25  }
26  //函数功能：输出 x 的质因数连乘
27  void OutputPrimeFactor(int x){
28      if (x <= 1){                         //边界条件处理
29          printf("Input error!\n");
30          return;
31      }
32      printf("%d=", x);
33      bool isFirst = true;                 //用于控制是否输出'*'
34      for (int i = 2; i <= x; i++){        //迭代处理因子
35          while (x % i == 0){
36              if (!isFirst){
37                  printf("*");
38              }
39              else{
40                  isFirst = false;         //第一个因子前不输出'*'
41              }
42              printf("%d", i);
43              x /= i;                      //除以找到的质因数，继续查找
44          }
45      }
46      printf("\n");                        //输出换行符
47  }
```

6. 奇数阶幻方矩阵生成

实验任务和要求：所谓的 n 阶幻方矩阵是指把从 1 到 $n \times n$（已知 n 为奇数）的自然数按一定方法排列成 $n \times n$ 的矩阵，使得任意行、任意列以及两个对角线上的数字之和都相等。请编程实现奇数阶幻方矩阵的生成。

要求先输入矩阵的阶数 n（假设 $n \leqslant 15$），然后使用二维数组和函数编程生成并输出 $n \times n$ 阶幻方矩阵。

程序运行结果示例如下：

测试编号	程序运行结果示例
1	Input n:5↵ 5*5 magic square: 17　24　1　　8　15 23　5　　7　14　16 4　　6　13　20　22 10　12　19　21　3 11　18　25　2　　9
2	Input n:7↵ 7*7 magic square: 30　39　48　1　10　19　28 38　47　7　　9　18　27　29 46　6　　8　17　26　35　37 5　14　16　25　34　36　45 13　15　24　33　42　44　4 21　23　32　41　43　3　12 22　31　40　49　2　11　20

思路提示：奇数阶幻方矩阵的生成算法如下。

第 1 步：将 1 放入第一行的正中处。

第 2 步：按照如下方法将第 i 个数（i 从 2 到 $n×n$）依次放到合适的位置上。如果第 $i-1$ 个数的右上角位置没有放数，则将第 i 个数放到前一个数的右上角位置。如果第 $i-1$ 个数的右上角位置已经有数，则将第 i 个数放到第 $i-1$ 个数的下一行且列数相同的位置，即放到前一个数的下一行。

注意，计算右上角位置的行列坐标时，可采用对 n 求余的方式来计算，即当右上角位置超过矩阵边界时，要把矩阵元素看成是首尾衔接的。

参考程序如下：

```
1   #include <stdio.h>
2   #define N 15
3   void InitializerMatrix(int x[][N], int n);
4   void PrintMatrix(int x[][N], int n);
5   void GenerateMagicSquare(int x[][N], int n);
6   int main(void){
7       int matrix[N][N], n;
8       printf("Input n:");
9       scanf("%d", &n);
10      InitializerMatrix(matrix, n);
11      GenerateMagicSquare(matrix, n);
12      printf("%d*%d magic square:\n", n, n);
13      PrintMatrix(matrix, n);
14      return 0;
15  }
16  //函数功能：生成 n 阶幻方矩阵
17  void GenerateMagicSquare(int x[][N], int n){
18      //第 1 步：定位 1 的初始位置
19      int row = 0;
20      int col = (n - 1) / 2;
21      x[row][col] = 1;
22      //第 2 步：将第 i 个数（i 从 2 到 N*N）依次放到合适的位置上
23      for (int i=2; i<=n*n; i++){
24          int r = row;                    //记录前一个数的行坐标
25          int c = col;                    //记录前一个数的列坐标
26          row = (row - 1 + n) % n;        //计算第 i 个数要放置的行坐标
27          col = (col + 1) % n;            //计算第 i 个数要放置的列坐标
28          if (x[row][col] == 0){          //该处无数（未被占用），则放入该数
29              x[row][col] = i;
30          }
31          else{                           //若该处有数（已占用），则放到前一个数的下一行
32              r = (r + 1) % n;
33              x[r][c] = i;
34              row = r;
35              col = c;
36          }
37      }
38  }
39  //函数功能：输出 n 阶幻方矩阵
40  void PrintMatrix(int x[][N], int n){
41      for (int i=0; i<n; i++){
42          for (int j=0; j<n; j++){
43              printf("%4d", x[i][j]);
44          }
45          printf("\n");
46      }
47  }
48  //函数功能：初始化数组元素全为 0，标志数组元素未被占用
49  void InitializerMatrix(int x[][N], int n){
50      for (int i=0; i<n; i++){
```

```
51          for (int j=0; j<n; j++){
52              x[i][j] = 0;
53          }
54      }
55  }
```

7. 螺旋矩阵生成

实验任务和要求：螺旋矩阵是指一个呈螺旋状的矩阵，从左上角第 1 个格子开始，按顺时针螺旋方向填充逐渐增大的数字，即矩阵的元素值由第一行开始到右边不断变大，再向下变大，向左变大，向上变大，如此循环，直到填满矩阵的所有元素。请编程输出以(0,0)为起点、以数字 1 为起始数字的 $n×n$ 的螺旋矩阵。

要求使用递归和非递归两种问题求解策略编写程序。

程序运行结果示例如下：

测试编号	程序运行结果示例
1	Input n:4↙ 1　　2　　3　　4 12　　13　　14　　5 11　　16　　15　　6 10　　9　　8　　7
2	Input n:5↙ 1　　2　　3　　4　　5 16　　17　　18　　19　　6 15　　24　　25　　20　　7 14　　23　　22　　21　　8 13　　12　　11　　10　　9

思路提示：第一种思路是控制走过指定的圈数，即按圈赋值。对于 $n×n$ 的螺旋矩阵，一共需要走过的圈数为 $n/2$。首先根据输入的阶数 n，判断需要用几圈生成螺旋矩阵。然后在每一圈中再设置 4 个循环，生成每一圈的上下左右 4 个方向的数字，直到每一圈都生成完毕为止。n 为奇数的情况下最后一圈有 1 个数。

第二种思路是控制走过指定的格子数。首先根据输入的阶数，判断需要生成多少个数字。然后在每一圈中再设置 4 个循环，生成每一圈的上下左右 4 个方向的数字，直到每一圈都生成完毕为止（奇数情况下最后一圈有 1 个数，$i=j$）。以 5×5 的螺旋矩阵为例，第一圈一共走的格子数是 16=4*4，即生成 4*4=16 个数字，起点是（0,0），右边界是 4，下边界是 4，先向右走四个格子，然后向下走四个格子，再向左走四个格子，再向上走四个格子回到起点。第二圈一共走的格子数是 8=2*4，即生成 2*4=8 个数字，起点是（1,1），右边界是 3，下边界是 3，向右走 2 个格子，然后向下走 2 个格子，再向左走 2 个格子，再向上走 2 个格子回到起点。第三圈一共走的格子数是 1=1*1，起点是（2,2），右边界 2，下边界是 2，起点在边界上，表明此时只剩一个点，直接走完这个点即可退出。

方法 1：基于控制走过指定的圈数，非递归实现的参考程序如下：

```
1  #include<stdio.h>
2  #include <stdlib.h>
3  #define N 10
4  void PrintArray(int a[][N], int n);
5  void SetArray(int a[][N], int n);
6  int main(void){
7      int a[N][N], n;
8      printf("Input n:");
9      scanf("%d", &n);
```

```
10        if (n < 1 || n > N){
11            printf("Invalid input! n should be between 1 and %d.\n", N);
12            return 1;
13        }
14        SetArray(a, n);
15        PrintArray(a, n);
16        return 0;
17   }
18   //函数功能：通过控制走过指定的圈数，生成 n×n 阶螺旋矩阵
19   void SetArray(int a[][N], int n){
20        if (n <= 0 || n > N) return;
21        int len = 1;
22        int center = n / 2;
23        for (int m=0; m<center; ++m){
24            //顶行
25            for (int k=m; k<n-m; ++k){
26                a[m][k] = len++;
27            }
28            //右列
29            for (int k=m+1; k<n-m; ++k){
30                a[k][n-m-1] = len++;
31            }
32            //底行
33            for (int k=n-m-2; k>=m; --k){
34                a[n-m-1][k] = len++;
35            }
36            //左列
37            for (int k=n-m-2; k>m; --k){
38                a[k][m] = len++;
39            }
40        }
41        //处理中心位置，当 n 为奇数时
42        if (n % 2 == 1){
43            a[center][center] = len;
44        }
45   }
46   //函数功能：输出 n×n 阶矩阵 a
47   void PrintArray(int a[][N], int n){
48        for (int i=0; i<n; ++i){
49            for (int j=0; j<n; ++j){
50                printf("%d\t", a[i][j]);
51            }
52            printf("\n");
53        }
54   }
```

方法 2：基于控制走过指定的圈数，递归实现的参考程序如下：

```
1    #include<stdio.h>
2    #include <stdlib.h>
3    #define N 10
4    void PrintArray(int a[][N], int n);
5    void SetArray(int a[][N], int n, int m, int *len);
6    void InitializeArray(int a[][N], int n);
7    int main(void){
8        int a[N][N], n;
9        printf("Input n:");
10        scanf("%d", &n);
11        if (n < 1 || n > N){
12            printf("Invalid input! n should be between 1 and %d.\n", N);
```

```
13          return 1;
14      }
15      InitializeArray(a, n);
16      PrintArray(a, n);
17      return 0;
18  }
19  //函数功能：通过控制走过指定的圈数，递归生成 n×n 阶螺旋矩阵
20  void SetArray(int a[][N], int n, int m, int *len){
21      if (n <= 0 || m >= (n + 1) / 2) return;
22      // Top row
23      for (int k=m; k<n-m; ++k){
24          a[m][k] = (*len)++;
25      }
26      // Right column
27      for (int k=m+1; k<n-m; ++k){
28          a[k][n-m-1] = (*len)++;
29      }
30      // Bottom row
31      for (int k=n-m-2; k>=m; --k){
32          a[n-m-1][k] = (*len)++;
33      }
34      // Left column
35      for (int k=n-m-2; k>m; --k){
36          a[k][m] = (*len)++;
37      }
38      SetArray(a, n, m+1, len);
39  }
40  //函数功能：初始化，以调用螺旋矩阵生成函数
41  void InitializeArray(int a[][N], int n){
42      if (n <= 0 || n > N) return;
43      int len = 1;
44      SetArray(a, n, 0, &len);
45  }
46  //函数功能：输出 n×n 阶矩阵 a
47  void PrintArray(int a[][N], int n){
48      for (int i=0; i<n; ++i){
49          for (int j=0; j<n; ++j){
50              printf("%d\t", a[i][j]);
51          }
52          printf("\n");
53      }
54  }
```

方法 3：控制走过指定的格子数，非递归实现的参考程序如下：

```
1   #include<stdio.h>
2   #include <stdlib.h>
3   #define N 10
4   void PrintArray(int a[][N], int n);
5   void SetArray(int a[][N], int n);
6   int main(void){
7       int a[N][N], n;
8       printf("Input n:");
9       scanf("%d", &n);
10      if (n < 1 || n > N){
11          printf("Invalid input! n should be between 1 and %d.\n", N);
12          return 1;
13      }
14      SetArray(a, n);
15      PrintArray(a, n);
```

```
16        return 0;
17    }
18    //函数功能: 通过控制走过指定的格子数, 生成 n×n 阶螺旋矩阵
19    void SetArray(int a[][N], int n){
20        int start = 0, border = n - 1, len = 1;
21        while (len <= n * n){
22            if (start > border) return;
23            if (start == border){
24                a[start][start] = len;
25                return ;
26            }
27            //top row
28            for (int k=start; k<=border-1; ++k){
29                a[start][k] = len++;
30            }
31            //right column
32            for (int k=start; k<=border-1; ++k){
33                a[k][border] = len++;
34            }
35            //bottom row
36            for (int k=border; k>=start+1; --k){
37                a[border][k] = len++;
38            }
39            //left column
40            for (int k=border; k>=start+1; --k){
41                a[k][start] = len++;
42            }
43            start++;
44            border--;
45        }
46    }
47    //函数功能: 输出 n×n 阶矩阵 a
48    void PrintArray(int a[][N], int n){
49        for (int i=0; i<n; ++i){
50            for (int j=0; j<n; ++j){
51                printf("%d\t", a[i][j]);
52            }
53            printf("\n");
54        }
55    }
```

方法 4: 控制走过指定的格子数, 递归实现的参考程序如下:

```
1     #include<stdio.h>
2     #include <stdlib.h>
3     #define N 10
4     void PrintArray(int a[][N], int n);
5     void SetArray(int a[][N], int n, int start, int border, int len);
6     int main(void){
7         int a[N][N], n;
8         printf("Input n:");
9         scanf("%d", &n);
10        if (n < 1 || n > N){
11            printf("Invalid input! n should be between 1 and %d.\n", N);
12            return 1;
13        }
14        SetArray(a, n, 0, n-1, 1);
15        PrintArray(a, n);
16        return 0;
17    }
```

```
18      //函数功能：递归生成n×n阶螺旋矩阵
19      void SetArray(int a[][N], int n, int start, int border, int len){
20          if (start > border) return;
21          if (start == border){
22              a[start][start] = len;
23              return ;
24          }
25          //top row
26          for (int k=start; k<=border-1; ++k){
27              a[start][k] = len++;
28          }
29          //right column
30          for (int k=start; k<=border-1; ++k){
31              a[k][border] = len++;
32          }
33          //bottom row
34          for (int k=border; k>=start+1; --k){
35              a[border][k] = len++;
36          }
37          //left column
38          for (int k=border; k>=start+1; --k){
39              a[k][start] = len++;
40          }
41          SetArray(a, n, start+1, border-1, len);     //递归调用
42      }
43      //函数功能：输出n×n阶矩阵a
44      void PrintArray(int a[][N], int n){
45          for (int i=0; i<n; ++i){
46              for (int j=0; j<n; ++j){
47                  printf("%d\t", a[i][j]);
48              }
49              printf("\n");
50          }
51      }
```

思考题：请修改上述代码，以任意数字为起始数字，开始输出 $n×n$ 的螺旋矩阵，并且显示出每个数字依次写入矩阵的过程。

8. 孔融分梨

实验任务和要求：孔融没有兄弟姐妹，到了周末，就找堂兄孔明、堂姐孔茹、堂弟孔伟等 7 个堂兄妹来家里玩。孔融妈妈买了 8 个梨给孩子们吃，结果小黄狗桐桐叼走了一个，大花猫鑫鑫偷偷藏了一个。孔融抢过剩下的 6 个梨，妈妈止住他，说他要和大家平吃。孔融说 8 个人怎么分 6 个梨呢？妈妈说可以用分数解决这个问题。孔融说把每个梨切成 8 个相等的块，每个人拿 6 块就行了。妈妈说不用切那么多块，每个梨切 4 个相等的块，每个人拿 3 块正好。孔融糊涂了。孔明说我来教你。于是孔明给孔融讲起了有理数（即分数）的化简。例如，12/20 可以化简成 6/10 或 3/5，但 3/5 是最简形式；100/8 可以化简成 50/4 或 25/2，而 25/2 为最简形式。

请编程帮助孔融将任意一个有理数化简成最简形式。先从键盘输入一个有理数，然后输出化简后的最简形式的有理数。

要求以"%d/%d"格式输入有理数，使用结构体定义有理数，用函数编程将给定的有理数简化为最简形式。为了降低难度，不要求将假分数（如 7/2）化简成带分数（$3\frac{1}{2}$）形式。

程序运行结果示例如下：

测试编号	程序运行结果示例
1	Input x/y:8/14↙ 4/7
2	Input x/y:219/111↙ 73/37
3	Input x/y:210/35↙ 6/1
4	Input x/y:13/31↙ 13/31
5	Input x/y:-100/8↙ -25/2
6	Input x/y:1/0↙ The numerator or denominator might be zero.

参考程序如下：

```
1   #include <stdio.h>
2   #include <stdlib.h>
3   typedef struct rational{
4       int numerator;
5       int denominator;
6   }RATIONAL;
7   int SimplifyRational(RATIONAL *c);
8   int Gcd(int a, int b);
9   int main(void){
10      RATIONAL x;
11      printf("Input x/y:");
12      if (scanf("%d/%d", &x.numerator, &x.denominator) != 2){
13          printf("Invalid input format.\n");
14          return 1; //退出程序，返回错误码1
15      }
16      if (SimplifyRational(&x)){
17          printf("%d/%d\n", x.numerator, x.denominator);
18      }
19      else{
20          printf("The numerator or denominator might be zero.\n");
21      }
22      return 0;
23  }
24  //函数功能：将给定的有理数简化为最简形式，返回值为1表示简化成功，0表示失败
25  int SimplifyRational(RATIONAL *c){
26      int divisor = Gcd(abs(c->numerator), abs(c->denominator));
27      if (divisor > 0){
28          c->numerator = c->numerator / divisor;
29          c->denominator = c->denominator / divisor;
30          return 1;
31      }
32      else{   //如果分子或分母中有一个为0，则函数Gcd()的返回值将为-1
33          return 0;
34      }
35  }
36  //函数功能：计算整型数a和b的最大公约数，输入负数时返回-1
37  int Gcd(int a, int b){
38      if (a <= 0 || b <= 0) return -1;
39      int remainder;
40      do{
41          remainder = a % b;
42          a = b;
43          b = remainder;
```

```
44        }while (remainder != 0);
45        return  a;
46    }
```

9. 有理数比较大小

实验任务和要求：比较有理数大小的常用方法是，对有理数进行通分后比较分子的大小。请编程模拟人工比较两个有理数的大小，并输出相应的提示信息。

要求以"%d/%d,%d/%d"格式输入两个有理数，如果第一个分数小于第二个分数，则按格式"%d/%d<%d/%d\n"输出，如果第一个分数大于第二个分数，则按格式"%d/%d>%d/%d\n"输出，如果两个分数相等，则按格式"%d/%d=%d/%d\n"输出。

要求使用结构体定义有理数，用函数编程将给定的有理数简化为最简形式。为了降低难度，不要求将假分数（如 7/2）化简成带分数（$3\frac{1}{2}$）形式。

程序运行结果示例如下：

测试编号	程序运行结果示例
1	11/13,17/19✔ 11/13 < 17/19
2	17/19,23/27✔ 17/19 > 23/27
3	3/4,18/24✔ 3/4 = 18/24

参考程序 1：

```
1    #include <stdio.h>
2    #include <stdlib.h>
3    int GCD(int a, int b);
4    int LCM(int a, int b);
5    typedef struct rational{
6        int numerator;
7        int denominator;
8    }RATIONAL;
9    int main(void){
10       RATIONAL x, y;
11       printf("Input two fractions (e.g., 1/2,3/4):\n");
12       int ret = scanf("%d/%d,%d/%d", &x.numerator, &x.denominator,
13                                      &y.numerator, &y.denominator);
14       //检查 scanf 是否成功读取了所有预期的输入项
15       if (ret != 4){
16           printf("Invalid input format!\n");
17           return -1;
18       }
19       //验证分母不为 0
20       if (x.denominator == 0 || y.denominator == 0){
21           printf("Denominator cannot be zero!\n");
22           return -1;
23       }
24       int lcm = LCM(x.denominator, y.denominator);
25       int convertedNumerator1 = lcm / x.denominator * x.numerator;
26       int convertedNumerator2 = lcm / y.denominator * y.numerator;
27       if (convertedNumerator1 > convertedNumerator2)
28           printf("%d/%d > %d/%d\n", x.numerator, x.denominator,
29                                     y.numerator, y.denominator);
30       else if (convertedNumerator1 == convertedNumerator2)
31           printf("%d/%d = %d/%d\n", x.numerator, x.denominator,
```

```
32                              y.numerator, y.denominator);
33      else
34          printf("%d/%d < %d/%d\n", x.numerator, x.denominator,
35                              y.numerator, y.denominator);
36
37      return 0;
38  }
39  //函数功能：递归方法计算最大公约数
40  int GCD(int a, int b){
41      if (b == 0) return a;
42      return GCD(b, a % b);
43  }
44  //函数功能：计算最小公倍数
45  int LCM(int a, int b){
46      return (a / GCD(a, b)) * b;//先执行除法，后执行乘法，是为了避免数值溢出
47  }
```

参考程序 2（主函数与参考程序 1 相同，这里仅列出函数的 LCM()的实现）：

```
1   //函数功能：计算最小公倍数
2   int LCM(int a, int b){
3       if (a <= 0 || b <= 0){ //输入参数有效性检查
4           return 0; //任何数与 0 的最小公倍数都是 0
5       }
6       int max = a > b ? a : b;
7       for (int i = max; i<a*b; i++){
8           if (i % a == 0 && i % b == 0) return i;
9       }
10      return a * b;
11  }
```

10. 稀疏矩阵转置

实验任务和要求：稀疏矩阵的定义是：在一个 $m \times n$ 的矩阵 A 中，如果非零元素的数量远小于 $m \times n$，则称 A 为稀疏矩阵。与稠密矩阵相比，稠密矩阵中大部分元素为非 0 值，而稀疏矩阵中大部分元素为 0，非 0 元素稀少，且非 0 元素的分布没有规律。稀疏矩阵广泛应用于图像处理、网络分析、机器学习等领域。例如，在图像处理中，图像的像素值通常以稀疏矩阵的形式表示，通过高效的稀疏矩阵运算可以加速图像处理过程。

一种简单的方法是采用三元组表方法来存储稀疏矩阵中的非 0 元素。在三元组表中，每个非 0 元素由一个三元组(row, column, value)表示，其中 row 和 column 分别表示非 0 元素所在的行和列的索引，value 表示该位置上的元素值。这种存储方式只存储非 0 元素的信息，从而节省存储空间。

请编程计算稀疏矩阵的转置矩阵。

要求使用结构体定义用于存储稀疏矩阵中的非 0 元素及其行列位置的三元组表。

程序运行结果示例如下：

测试编号	程序运行结果示例
1	Input the numbers of rows, cols and no-zero values:6,6,7↵ Input the row, col and no-zero value 1,1,15↵ Input the row, col and no-zero value 1,4,22↵ Input the row, col and no-zero value 1,6,-15↵ Input the row, col and no-zero value

```
2,2,11↵
Input the row, col and no-zero value
2,3,3↵
Input the row, col and no-zero value
3,4,6↵
Input the row, col and no-zero value
5,1,91↵
 i row col val
 1|  1    1    15
 2|  1    4    22
 3|  1    6   -15
 4|  2    2    11
 5|  2    3    3
 6|  3    4    6
 7|  5    1    91
After transpose:
 i row col val
 1|  1    1    15
 2|  1    5    91
 3|  2    2    11
 4|  3    2    3
 5|  4    1    22
 6|  4    3    6
 7|  6    1   -15
```

参考程序如下：

```
1   #include <stdio.h>
2   #define N 100
3   typedef struct{
4       int row;            //行
5       int col;            //列
6       int value;          //元素值
7   }NODE;
8   NODE a[N+1];            //存放矩阵中元素数值不为 0 的元素
9   NODE b[N+1];            //转置后的矩阵
10  void ShowMatrix(NODE a[], int n);
11  void Transpose(NODE a[], NODE b[]);
12  void MatrixInitialize(NODE a[], int rows, int cols, int n);
13  int main(void){
14      int n, rows, cols;
15      printf("Input the numbers of rows, cols and no-zero values:");
16      scanf("%d,%d,%d", &rows, &cols, &n);
17      MatrixInitialize(a, rows, cols, n);
18      ShowMatrix(a, n);
19      printf("After transpose:\n");
20      Transpose(a, b);
21      ShowMatrix(b, n);
22      return 0;
23  }
24  //函数功能：显示稀疏矩阵
25  void ShowMatrix(NODE a[], int n){
26      printf(" i row col val\n");
27      for (int i=1; i<=n; i++){
28          printf(" %d|  %d   %d   %d\n", i, a[i].row, a[i].col, a[i].value);
29      }
30  }
31  //函数功能：稀疏矩阵转置
32  void Transpose(NODE a[], NODE b[]){
33      int pos = 1;        //b 的当前元素下标
```

```
34        b[0].row = a[0].col;
35        b[0].col = a[0].row;
36        b[0].value = a[0].value;
37        for (int i=1; i<=a[0].col; i++){
38            for (int j=1; j<=a[0].value; j++){
39                if (a[j].col == i){//行列互换，行列下标也互换
40                    b[pos].row = a[j].col;
41                    b[pos].col = a[j].row;
42                    b[pos].value = a[j].value;
43                    pos++;
44                }
45            }
46        }
47    }
48    //函数功能：初始化稀疏矩阵，a[]为稀疏矩阵，rows 为行数，cols 为列数，n 为非 0 元素个数
49    void MatrixInitialize{(NODE a[], int rows, int cols, int n)
50        int row, col, value;
51        for (int i=1; i<=n; ++i){
52            printf("Input the row, col and no-zero value\n");
53            scanf("%d,%d,%d", &row, &col, &value);
54            a[i].row = row;
55            a[i].col = col;
56            a[i].value = value;
57        }
58        a[0].row = rows;
59        a[0].col = cols;
60        a[0].value = n;
61    }
```

11. 文本文件中的词频统计

实验任务和要求：对文本文件中的关键词进行统计，并将统计结果保存到另一个文本文件中。先读取一个文本文件中的内容，用 end 标记文件的结束，然后对其中出现的"education""talent""technology"3 个关键词进行统计，并将统计结果保存到另一个文本文件中。假设该文本文件内容如下：

Education, science and technology, and human resources are the foundational and strategic pillars for building a modern socialist country in all respects. We must regard science and technology as our primary productive force, talent as our primary resource, and innovation as our primary driver of growth. We will fully implement the strategy for invigorating China through science and education, the workforce development strategy, and the innovation-driven development strategy. We will open up new areas and new arenas in development and steadily foster new growth drivers and new strengths.

end

要求使用文件和二分查找算法编程实现词频统计。

程序运行结果示例如下：

测试编号	程序运行结果示例
1	Read from file file.txt: Read finished! Write to file result.txt: Write finished!

通过记事本来查看保存统计结果的文件内容，如果结果为

```
education:2
talent:1
```

```
technology:2
```

则表示程序运行正确。

注意，在 VS 和 CB 下需要将该文件和源代码文件放在同一个文件夹下。而在 VS Code 下需要将该文件和由源代码编译生成的 exe 文件放在同一个文件夹下，如果该文件放在了 exe 文件所在的上一级文件夹下，则用 fopen 打开文件时，应该在文件名前面加上 "..///"，例如 "..///file.txt"，告诉编译器要到 exe 可执行文件的上一级文件夹下去打开这个文件。

此外，为了正确统计关键词的数量，还需要将单词的首字母统一转换为小写字母，并且将单词后面的标点符号删去，可以采用将其改成'\0'的方式删去。

参考程序如下：

```
1   #include <stdio.h>
2   #include <stdlib.h>
3   #include <string.h>
4   #include <ctype.h>
5   #define N 3                    //关键字数量
6   #define M 500                  //输入的句子中的字符数
7   #define LEN 30                 //每个单词的最大长度
8   typedef struct key{
9       char word[LEN];
10      int  count;
11  }KEY;
12  int InputFromFile(char fileName[], char token[][LEN]);
13  void OutputToFile(char fileName[], KEY keywords[], int n);
14  int IsKeyword(char s[]);
15  int BinSearch(KEY keywords[], char s[], int n);
16  void CountKeywords(char s[][LEN], int n);
17  int main(void){
18      char s[M][LEN];
19      int n = InputFromFile("file.txt", s);
20      CountKeywords(s, n);
21      return 0;
22  }
23  //函数功能：从文件中读取字符串并返回不包含"end"在内的字符串总数
24  int InputFromFile(char fileName[], char token[][LEN]){
25      printf("Read from file %s:\n", fileName);
26      FILE *fp = fopen(fileName, "r");
27      if (fp == NULL){
28          printf("Cannot open file %s!\n", fileName);
29          exit(0);
30      }
31      int i = 0;
32      do{
33          fscanf(fp, "%s", token[i]);
34          i++;
35      }while (strcmp(token[i-1], "end") != 0);
36      fclose(fp);
37      printf("Read finished!\n");
38      int n = i - 1;
39      for (i = 0; i < n; i++){
40          if (isalpha(token[i][0]) && isupper(token[i][0])){
41              token[i][0] = token[i][0] + ('a' - 'A');
42          }
43          if (!isalpha(token[i][strlen(token[i])-1])){
44              token[i][strlen(token[i])-1] = '\0';
45          }
46      }
```

```
47        return n;
48    }
49    //函数功能：输出关键词统计结果
50    void OutputToFile(char fileName[], KEY keywords[], int n){
51        printf("Write to file %s:\n", fileName);
52        FILE *fp = fopen(fileName, "w");
53        if (fp == NULL){
54            printf("Cannot open file %s!\n", fileName);
55            exit(0);
56        }
57        for (int i = 0; i < n; i++){
58            if (keywords[i].count != 0){
59                fprintf(fp, "%s:%d\n", keywords[i].word, keywords[i].count);
60            }
61        }
62        fclose(fp);
63        printf("Write finished!\n");
64    }
65    //函数功能：判断 s 是否是指定的关键词，若是，则返回其下标，否则返回-1
66    int IsKeyword(char s[]){
67        KEY keywords[N] = {{"education", 0}, {"talent", 0}, {"technology", 0}
68                    };                      //字符指针数组构造关键词词典以及关键词计数初始化
69        return BinSearch(keywords, s, N);   //在关键词字典中二分查找字符串 s
70    }
71    //函数功能：用二分法查找字符串 s 是否在 n 个关键词字典中
72    int BinSearch(KEY keywords[], char s[], int n){
73        int  low = 0, high = n - 1, mid;
74        while (low <= high){
75            mid = low + (high - low) / 2;
76            if (strcmp(s, keywords[mid].word) > 0){
77                low = mid + 1;              //在后一子表查找
78            }
79            else if (strcmp(s, keywords[mid].word) < 0){
80                high = mid - 1;             //在前一子表查找
81            }
82            else{
83                return mid;                 //返回找到的位置下标
84            }
85        }
86        return -1;                          //没找到
87    }
88    //函数功能：统计二维字符数组 s 中关键字的数量存于结构体数组 keywords 的 count 成员中
89    void CountKeywords(char s[][LEN], int n){
90        KEY keywords[N] = {{"education", 0}, {"talent", 0}, {"technology", 0}
91                    };//字符指针数组构造关键字词典以及关键字计数初始化
92        for (int i = 0; i < n; i++){
93            int k = IsKeyword(s[i]);
94            if (k != -1){
95                keywords[k].count++;
96            }
97        }
98        OutputToFile("result.txt", keywords, N);
99    }
```

12. 垃圾邮件判断

实验任务和要求：通过分析垃圾邮件中常见的一些单词，形成一个疑似垃圾邮件的单词列表。编写一个程序，先读入一封电子邮件的内容，将邮件中以空格为分隔符的字符串读入一个字符数组中，并将每个字符串转换为全小写字符串，去除其中的非英文字符（例如句点、问号，圆括号等），然后扫描这些单词，每当出现一次疑似垃圾邮件的单词列表中的单词，就给邮件的"垃圾分数"加 1。最后，输出该邮件的垃圾分数，以辅助用户评价这封邮件是垃圾邮件的可能性。

要求使用文件和顺序查找算法编程实现垃圾邮件判断。

程序运行结果示例如下：

测试编号	程序运行结果示例
1	Input source filename:d1.txt↙ Spam words:17

参考程序 1：

```
1   #include <stdio.h>
2   #include <string.h>
3   #define M    400               //最多 400 个单词
4   #define N    10                //每个单词最多 10 个字符
5   #define L    16                //垃圾邮件中常见的单词数量
6   int ReadFile(const char *srcName, char str[][N]);
7   int SpamFilter(char str[][N], int n);
8   char* ToLower(char word[]);
9   int main(void){
10      char srcFilename[N];
11      char str[M][N];
12      printf("Input source filename:");
13      scanf("%s", srcFilename);
14      int n = ReadFile(srcFilename, str);
15      printf("Spam words:%d\n", SpamFilter(str, n));
16      return 0;
17  }
18  //函数功能：从 srcName 文件中读取字符串，存入数组 str，返回字符串总数
19  int ReadFile(const char *srcName, char str[][N]){
20      FILE *fpSrc = fopen(srcName, "r");
21      if (fpSrc == NULL){
22          printf("Failure to open %s!\n", srcName);
23          return 0;
24      }
25      int i;
26      for (i=0; !feof(fpSrc); i++){
27          fscanf(fpSrc, "%s", str[i]);
28      }
29      fclose(fpSrc);
30      return i - 1; //返回读取的字符串数量，最后一行的换行不计算在内
31  }
32  //函数功能：返回 mail 中包含的疑似垃圾单词数量
33  int SpamFilter(char mail[][N], int n){
34      char spam[L][N] = {"payment","invitation","wanted","special","join","hi",
35                          "fax","account", "dollars","business","bank","banks",
36                          "private","your","you","phone"};
37      int num = 0;
38      for (int i=0; i<n; i++){
39          for (int j=0; j<L; j++){
40              if (strcmp(ToLower(mail[i]), spam[j]) == 0){
41                  num++;
42              }
43          }
44      }
45      return num;
46  }
```

```
47    //函数功能：将单词中的字符全部变为小写字符
48    char *ToLower(char word[]){
49        char temp[M];
50        int i, j;
51        for (i=0, j=0; word[i]!='\0'; i++){
52            if (word[i]>='A' && word[i]<='Z') {
53                temp[j++] = word[i] + 'a' - 'A';
54            }
55            else if (word[i]>='a' && word[i]<='z'){
56                temp[j++] = word[i];
57            }
58        }
59        temp[j] = '\0';
60        strcpy(word, temp);
61        return word;
62    }
```

参考程序 2：

```
1     #include <stdio.h>
2     #include <string.h>
3     #include <ctype.h>
4     #define M    400              //最多 400 个单词
5     #define N    10               //每个单词最多 10 个字符
6     #define L    16               //垃圾邮件中常见的单词数量
7     int ReadFile(const char *srcName, char str[][N]);
8     int SpamFilter(char str[][N], int n);
9     char* ToLower(char word[]);
10    int main(void){
11        char srcFilename[N];
12        char str[M][N];
13        printf("Input source filename:");
14        scanf("%s", srcFilename);
15        int n = ReadFile(srcFilename, str);
16        printf("Spam words:%d\n", SpamFilter(str, n));
17        return 0;
18    }
19    //函数功能：从 srcName 文件中读取字符串，存入数组 str，返回字符串总数
20    int ReadFile(const char *srcName, char str[][N]){
21        FILE *fpSrc = fopen(srcName, "r");
22        if (fpSrc == NULL){
23            printf("Failure to open %s!\n", srcName);
24            return 0;
25        }
26        int i;
27        for (i=0; !feof(fpSrc); i++){
28            fscanf(fpSrc, "%s", str[i]);
29        }
30        fclose(fpSrc);
31        return i - 1;              //返回读取的字符串数量，最后一行的换行不计算在内
32    }
33    //函数功能：返回 mail 中包含的疑似垃圾单词数量
34    int SpamFilter(char mail[][N], int n){
35        char *spam[L] = {"payment","invitation","wanted","special","join","hi",
36                         "fax","account", "dollars","business","bank","banks",
37                         "private","your","you","phone"};
38        int num = 0;
39        for (int i=0; i<n; i++){
40            for (int j=0; j<L; j++){
41                if (strcmp(ToLower(mail[i]), spam[j]) == 0){
```

```
42                num++;
43            }
44        }
45    }
46    return num;
47 }
48 //函数功能：将单词中的字符全部变为小写字符
49 char *ToLower(char word[]){
50    char temp[M];
51    int i, j;
52    for (i=0, j=0; word[i]!='\0'; i++){
53        if (isalpha(word[i]) && isupper(word[i])){
54            temp[j++] = word[i] + 'a' - 'A';
55        }
56        else if (isalpha(word[i]) && islower(word[i])){
57            temp[j++] = word[i];
58        }
59    }
60    temp[j] = '\0';
61    strcpy(word, temp);
62    return word;
63 }
```

13. 鲁智深吃馒头

实验任务和要求：据说，鲁智深一天中午匆匆来到开封府大相国寺，想蹭顿饭吃，当时大相国寺有 99 个和尚，只做了 99 个馒头，智清长老不愿得罪鲁智深，便把他安排在一个特定位置，之后对所有人说：（围成一圈）从我开始报数，第 5 个人可以吃到馒头（并退下），按此方法，所有和尚都吃到了馒头，唯独鲁智深没有吃上，请编程计算他在哪个位置。

要求使用普通数组、结构体数组、循环链表和循环队列等多种数据结构分别编程求解。

程序运行结果示例如下：

测试编号	程序运行结果示例
1	**Input n,m(n>m):100,5↙** **47 is left**
2	**Input n,m(n>m):10,3↙** **4 is left**

问题分析：这个问题其实就是经典的循环报数问题：有 n 个人围成一圈，顺序编号。从第一个人开始循环报数（从 1 报到 m），凡报到 m 的人退出圈子。问最后留下的那个人的初始编号是什么？

以数组实现为例，对参与报数的 n 个人用 1~n 进行编号，编号存放到大小为 n 的一维数组中，为了标记报到 m 的倍数的人需要退出圈子，将其编号标记为 0，标记为 0 的好处是不用移动数组中的元素，并且可以保留尚未推出圈子的人的初始编号。在每次报数时，除了要设置一个报数计数器外，还要设置另外一个计数器来记录已退出圈子的人数。报数计数器的作用是在每次报数时进行计数，仅当报数计数器的值为 m 的倍数时，即有一个人需要退出圈子时，才将已退出圈子的人数计数器计数一次，当退出圈子的人数累计达到 $n-1$ 时，报数结束，此时数组中编号不为 0 的那个数组元素就是最后留下的那个人的初始编号。

此外，还可以用循环链表或循环队列来实现。

参考程序 1：用一维数组编程求解循环报数问题。

```
1 #include <stdio.h>
2 #define N 100
```

```
3      int NumberOff(int n, int m);
4      int main(void){
5          int n, m, ret;
6          do{
7              printf("Input n,m(n>m):");
8              ret = scanf("%d,%d", &n, &m);
9              if (ret != 2)
10             {
11                 while (getchar()!='\n');
12             }
13         }while (n<=m || n<=0 || m<=0 || ret!=2);
14         printf("%d is left\n", NumberOff(n, m));
15         return 0;
16     }
17     //函数功能：循环报数，n 为总人数，每隔 m 人有一人退出，返回最后一个人的编号
18     int NumberOff(int n, int m){
19         int a[N+1] = {0};
20         for (int i=1; i<=n; ++i){          //按从 1 到 n 的顺序给每个人编号
21             a[i] = i;
22         }
23         int c = 0, counter = 0;
24         do{
25             for (int i=1; i<=n; ++i){
26                 if (a[i] != 0){
27                     c++;                   //元素不为 0,则 c 加 1,记录报数的人数
28                     if (c % m == 0){       //c 除以 m 的余数为 0,说明此位置为第 m 个报数的人
29                         a[i] = 0;          //将退出圈子的人的编号标记为 0
30                         counter++;         //记录退出的人数
31                     }
32                 }
33             }
34         }while (counter < n-1);//当退出圈子的人数达到 n-1 人时结束循环，否则继续循环
35         for (int i=1; i<=n; ++i){
36             if (a[i] != 0) return i;
37         }
38         return 0;
39     }
```

参考程序 2：用结构体数组实现的静态循环链表编程求解循环报数问题。

```
1      #include <stdio.h>
2      #define N 101
3      //静态循环链表的结构体定义
4      typedef struct person{
5          int number;             //自己的编号
6          int nextp;              //下一个人的编号
7      }LINK;
8      void CreatQueue(LINK link[], int n);
9      int NumberOff(LINK link[], int n, int m);
10     int main(void){
11         LINK link[N+1];
12         int n, m, ret;
13         do{
14             printf("Input n,m(n>m):");
15             ret = scanf("%d,%d", &n, &m);
16             if (ret != 2){
17                 while (getchar()!='\n');
18             }
19         }while (n<=m || n<=0 || m<=0 || ret!=2);
20         CreatQueue(link, n);
```

```
21        int last = NumberOff(link, n, m);
22        printf("%d is left\n", last);
23        return 0;
24    }
25    //函数功能：循环报数，n 为总人数，每隔 m 人有一人退出，返回最后一个人的编号
26    int NumberOff(LINK link[], int n, int m){
27        int h = n, last;
28        for (int j=1; j<n; ++j){
29            int i = 0;
30            while (i != m){
31                h = link[h].nextp;
32                if (link[h].number != 0){
33                    ++i;
34                }
35            }
36            link[h].number = 0;
37        }
38        for (int i=1; i<=n; ++i){
39            if (link[i].number != 0){
40                last = link[i].number;
41            }
42        }
43        return last;
44    }
45    //函数功能：创建循环报数的静态循环链表
46    void CreatQueue(LINK link[], int n){
47        for (int i=1; i<=n; ++i){
48            if (i == n){
49                link[i].nextp = 1;
50            }
51            else{
52                link[i].nextp = i + 1;
53            }
54            link[i].number = i;
55        }
56    }
```

参考程序 3：用单向链表实现的动态循环链表编程求解循环报数问题。

```
1     #include <stdio.h>
2     #include <stdlib.h>
3     typedef struct person{
4         int num;                    //自己的编号
5         struct person *next;        //后继节点的指针
6     } LINK;
7     LINK *CreateQueue(int n);
8     int NumberOff(LINK *head, int n, int m);
9     void DeleteMemory(LINK *head, int n);
10    int main(void){
11        int m, n, ret;
12        do{
13            printf("Input n,m(n>m):");
14            ret = scanf("%d,%d", &n, &m);
15            if (ret != 2){
16                while (getchar()!='\n');
17            }
18        }while (n<=m || n<=0 || m<=0 || ret!=2);
19        LINK *head = CreateQueue(n);
20        int last = NumberOff(head, n, m);
21        printf("%d is left\n", last);
```

```
22          DeleteMemory(head, n);
23          return 0;
24      }
25      //函数功能：循环报数，n 为总人数，每隔 m 人有一人退出，返回最后一个人的编号
26      int NumberOff(LINK *head, int n, int m){
27          LINK *p1 = head, *p2 = p1;
28          if (n == 1 || m == 1)    return n;
29          for (int i=1; i<n; ++i){         //将 n-1 个节点删掉
30              for (int j=1; j<m-1; ++j){
31                  p1 = p1->next;
32              }
33              p2 = p1;                     //p2 指向第 m 个节点的前驱节点
34              p1 = p1->next;               //p1 指向待删除的节点
35              p1 = p1->next;               //p1 指向待删除节点的后继节点
36              p2->next = p1;               //让 p1 成为 p2 的后继节点，即循环删掉第 m 个节点
37          }
38          return p1->num;
39      }
40      //函数功能：创建报数的单向循环链表
41      LINK *CreateQueue(int n){
42          LINK *p1, *p2, *head = NULL;
43          p2 = p1 = (LINK*)malloc(sizeof(LINK));   //新建一个节点
44          if (p1 == NULL){
45              printf("No enough memory to allocate!\n");
46              exit(0);
47          }
48          for (int i=1; i<=n; ++i){
49              if (i == 1){                 //若只有一个节点，则将 head 指向新建节点
50                  head = p1;
51              }
52              else{                        //若链表中多于一个节点，则将新建节点链到表尾
53                  p2->next = p1;
54              }
55              p1->num = i;
56              p2 = p1;                     //更新表尾的指针
57              p1 = (LINK*)malloc(sizeof(LINK));    //新建一个节点
58              if (p1 == NULL){
59                  printf("No enough memory to allocate!\n");
60                  DeleteMemory(head, i-1);
61                  exit(0);
62              }
63          }
64          p2->next = head;                 //将表尾指向头节点，使其成为循环链表
65          return head;
66      }
67      //函数功能：释放 head 指向的循环链表中所有 n 个节点占用的内存
68      void DeleteMemory(LINK *head, int n){
69          LINK *p = head, *pr = head;
70          for (int i=1; i<=n; ++i){
71              pr = p;
72              p = p->next;
73              free(pr);
74          }
75      }
```

参考程序 4：用顺序存储的循环队列编程求解循环报数问题。

```
1       #include <stdio.h>
2       #define  QMAX  1024
3       typedef struct queue{
```

```
4        int num[QMAX+1];                    //编号数组
5        int size;                           //队列长度
6        int head;                           //队首
7        int tail;                           //队尾
8    }QUEUE;
9    void InitQueue(QUEUE *q, int n);
10   int EmptyQueue(const QUEUE *q);
11   int FullQueue(const QUEUE *q);
12   int DeQueue(QUEUE *q, int *e);
13   int EnQueue(QUEUE *q, int e);
14   int NumberOff(QUEUE *q, int n, int m);
15   int main(void){
16       int m, n;
17       QUEUE q;
18       printf("Input n,m(n>m):");
19       scanf("%d,%d", &n, &m);
20       InitQueue(&q, n);                   //初始化循环队列
21       int last = NumberOff(&q, n, m);     //循环报数
22       printf("%d is left\n", last);
23       return 0;
24   }
25   //函数功能：初始化长度为 n 的循环队列
26   void InitQueue(QUEUE *q, int n){
27       q->size = n + 1;                    //初始化队列的长度为 n，空出一个单元
28       q->head = q->tail = 0;              //初始化队头和队尾的标记
29   }
30   //函数功能：判断循环队列是否为空，若为空，则返回 1，否则返回 0
31   int EmptyQueue(const QUEUE *q){
32       return q->head == q->tail ? 1 : 0;  //队列为空，则返回 1，否则返回 0
33   }
34   //函数功能：判断循环队列是否队满，若为满，则返回 1，否则返回 0
35   int FullQueue(const QUEUE *q){
36       return (q->tail + 1) % q->size == q->head ? 1 : 0;   //队满则返回 1，否则返回 0
37   }
38   //函数功能：循环队列进队，在队列尾部放入元素 e
39
40   int EnQueue(QUEUE *q, int e){
41       if (FullQueue(q)){                  //队满，则返回 0，否则入队并返回 1
42           return 0;
43       }
44       q->num[q->tail] = e;                //在队尾放入新数据 e
45       q->tail = (q->tail + 1) % q->size;  //更新队尾的标记
46       return 1;
47   }
48   //函数功能：循环队列出队，队首元素出队，并将该元素的编号赋给指针 e
49   int DeQueue(QUEUE *q, int *e){
50       if (EmptyQueue(q)){                 //队空，则返回 0，否则出队并返回 1
51           return 0;
52       }
53       *e = q->num[q->head];               //队首元素出队
54       q->head = (q->head + 1) % q->size;  //更新队头的标记
55       return 1;
56   }
57   //函数功能：循环报数，对队列中的 n 个元素报数，报到 m 者出队，返回最后出队的人的编号
58   int NumberOff(QUEUE *q, int n, int m){
59       int num[QMAX];
60       for (int i=0; i<n; i++){            //将所有人编号并且排队
61           num[i] = i + 1;                 //将所有人编号，从 1 开始编号
```

```
62              EnQueue(q, num[i]);              //将每个人依次入队
63          }
64      //排查报数为m的人
65      int i = 0, j = 0, e;
66      while (!EmptyQueue(q)){                  //若循环队列非空，则排查报数为m的人
67          i++;                                //报数计数器计数
68          DeQueue(q, &e);                     //队首元素e出队
69          if (i == m){                        //报到m者出队，不再入队
70              num[j] = e;                     //报到m者按出队顺序保存到出队数组中，不再入队
71              i = 0;                          //报数计数器重新开始计数
72              j++;                            //出队数组下标计数
73          }
74          else{
75              EnQueue(q, e);                  //未报到m者，出队后还要再入队，e放到队尾
76          }
77      }
78      return num[n-1];                        //若队列为空，则返回最后一个出队的人的编号
79  }
```

参考程序 5：用链式存储的循环队列编程求解循环报数问题。

```
1   #include<stdio.h>
2   #include<stdlib.h>
3   #define N 1024
4   typedef struct QueueNode{
5       int num;                                //每个节点保存一个人的编号
6       struct QueueNode *next;                 //指向后继节点的指针
7   } QueueNode;
8   typedef struct Queue{
9       QueueNode *head;                        //队头的指针
10      QueueNode *tail;                        //队尾的指针
11  } QUEUE;
12  QUEUE *InitQueue(void);
13  void DeleteMemory(QUEUE *q);
14  void EnQueue(QUEUE *q, int e);
15  void DeQueue(QUEUE *q, int *e);
16  int NumberOff(QUEUE *q, int n, int m);
17  int main(void){
18      int m, n, last;
19      printf("Input n,m(n>m):");
20      scanf("%d,%d", &n, &m);
21      QUEUE *q = InitQueue();                  //初始化循环队列
22      last = NumberOff(q, n, m);               //循环报数
23      printf("%d is left\n", last);
24  }
25  //函数功能：初始化循环队列，返回队列的头指针
26  QUEUE *InitQueue(void){
27      QUEUE *q = (QUEUE *)malloc(sizeof(QUEUE));   //新建一个节点p
28      if (q == NULL){                         //若内存分配失败，则结束程序
29          printf("No enough memory to allocate!\n");
30          exit(0);
31      }
32      q->head = q->tail = NULL;               //初始化队列为空
33      return q;                               //返回队列头指针
34
35  }
36  //函数功能：释放队列的所有节点的内存
37  void DeleteMemory(QUEUE *q){
38      QueueNode *p;
```

```
39      while (q->head != q->tail){          //循环删除队列中的节点，直至只剩一个节点
40          p = q->head;                     //p 指向当前的头节点
41          q->head = q->head->next;         //移动队列的头指针，使其指向下一个节点
42          free(p);
43      }
44      free(q->head);                       //释放最后一个节点的内存
45  }
46  //函数功能：循环队列入队，在队列非空时，将新数据 e 插入队尾
47
48  void EnQueue(QUEUE *q, int e){
49      QueueNode *p = (QueueNode *)malloc(sizeof(QueueNode));    //新建一个节点
50      if (p == NULL){                      //若内存分配失败，则结束程序
51          printf("No enough memory to allocate!\n");
52          DeleteMemory(q);
53          exit(0);
54      }
55      p->num = e;                          //新数据存入新建节点
56      if (q->head == NULL){                //若为空队列，则新建节点作为唯一节点入队
57          q->head = p;                     //设置头指针指向新建节点
58          q->tail = p;                     //设置尾指针指向新建节点
59      }
60      else{                                //若队列非空，则新建节点入队到已有队列的队尾
61          q->tail->next = p;               //将新建节点链接到尾节点
62          q->tail = p;                     //将尾指针指向新建节点
63      }
64      p->next = q->head;                   //新建节点指向队头节点，使其成为循环链表
65  }
66  //函数功能：循环队列出队，即删除队首元素，将该节点的数据赋给指针 e
67  void DeQueue(QUEUE *q, int *e){
68      QueueNode *p = q->head;              //将 p 指向队头节点
69      if (q->head == NULL){                //若为空队列，则返回
70          return;
71      }
72      *e = q->head->num;                   //取出队首元素
73      if (q->head != q->tail){             //若队列中剩余的节点不止一个
74          q->head = q->head->next;         //更新队头指针
75          q->tail->next = q->head;         //更新队尾指针
76      }
77      free(p);                             //释放头节点 p 的内存
78  }
79  //函数功能：循环报数
80  int NumberOff(QUEUE *q, int n, int m){
81      for (int i=0; i<n; i++){
82          EnQueue(q, i+1);                 //将所有人都编号入队，从 1 开始编号
83      }
84      int i = 0, j = 0, e;
85      while (q->head != q->tail){          //排查报数为 m 的人，循环直至队列中只剩一个节点
86          i++;                             //报数计数器计数
87          if (i == m){                     //报到 m 者，出队不再入队
88              DeQueue(q, &e);              //队首元素 e 出队不再入队
89              i = 0;                       //报数计数器重新开始计数
90              j++;                         //出队数组下标
91          }
92          else{                            //未报到 m 者，出队还要再入队
93              q->head = q->head->next;     //更新头指针
94              q->tail = q->tail->next;     //更新尾指针
95          }
```

```
96            }
97            return q->head->num;                        //若队列只剩一个节点，则返回最后剩下的那个人的编号
98    }
```

14. 文曲星猜数游戏

实验任务和要求：模拟文曲星上的猜数游戏：先由计算机产生一个各位相异的四位数，由用户来猜，根据用户猜测的结果提示 xAyB。其中，A 前面的数字表示有几位数字不仅数字猜对了，而且位置也正确，B 前面的数字表示有几位数字猜对了，但是位置不正确。最多允许用户猜的次数由用户从键盘输入。如果完全猜对，则提示 "Congratulations!"；如果在规定次数以内仍然猜不对，则给出提示 "Sorry!"。程序结束之前，在屏幕上显示这个正确的数字。请编程模拟文曲星上的猜数游戏。

要求采用模块化程序设计方法和数组进行程序设计。

程序运行结果示例如下：

测试编号	程序运行结果示例
1	How many times do you want to guess?10↙ No.1 of 10 times Input your guess:3456↙ 0A2B No.2 of 10 times Input your guess:4567↙ 0A3B No.3 of 10 times Input your guess:8567↙ 0A4B No.4 of 10 times Input your guess:7856↙ 0A4B No.5 of 10 times Input your guess:5687↙ 2A2B No.6 of 10 times Input your guess:5678↙ 4A0B Congratulations! Correct answer is:5678

思路提示：用数组 magic 存储计算机随机生成的各位相异的四位数，用数组 guess 存储用户猜的四位数，对 magic 和 guess 中相同位置的元素进行比较，得到 A 前面待显示的数字，对 magic 和 guess 的不同位置的元素进行比较，得到 B 前面待显示的数字。

计算机随机生成一个各位相异的四位数的算法思路是：将 0～9 这 10 个数字顺序放入数组 a 中，然后将其排列顺序随机打乱 10 次，取前 4 个数组元素的值，即可得到一个各位相异的 4 位数。

参考程序如下：

```
1     #include <stdio.h>
2     #include <time.h>
3     #include <stdlib.h>
4     void MakeDigit(int magic[]);
5     int Guess(int magic[], int guess[], int level);
6     int InputGuess(int guess[]);
7     int IsRightPosition(int magic[], int guess[]);
8     int IsRightDigit(int magic[], int guess[]);
9     //主函数
10    int main(void){
```

```
11        int magic[10];                    //记录计算机所想的数
12        int guess[4];                      //记录用户猜的数
13        int level;                         //打算最多可以猜的次数
14        MakeDigit(magic);                  //随机生成一个各位相异的 4 位数
15        //在程序调试时将下面语句的注释打开，有助于程序排错
16        //printf("%d%d%d%d\n", magic[0], magic[1], magic[2], magic[3]);
17        printf("How many times do you want to guess?");
18        scanf("%d", &level);
19        if (Guess(magic, guess, level) == 4){
20            printf("Congratulations!\n");
21        }
22        else{
23            printf("Sorry!\n");
24        }
25        printf("Correct answer is:%d%d%d%d\n", magic[0], magic[1],
26   magic[2], magic[3]);
27        return 0;
28   }
29   //函数功能：  随机生成一个各位相异的 4 位数
30   void MakeDigit(int magic[]){
31        srand(time(NULL));
32        for (int j=0; j<10; j++){
33            magic[j] = j;
34        }
35        for (int j=0; j<10; j++){
36            int k = rand() % 10;
37            int temp = magic[j];
38            magic[j]  = magic[k];
39            magic[k] = temp;
40        }
41   }
42   //函数功能：猜数并统计 A 和 B 前面的数字，最多猜 level 次，返回 4 表示猜数成功
43   int Guess(int magic[], int guess[], int level){
44        int count = 0;                     //记录已经猜的次数并初始化为 0
45        int rightDigit = 0;                //猜对的数字个数
46        int rightPosition = 0;             //数字和位置都猜对的个数
47        do{
48            printf("No.%d of %d times\n", count + 1, level);
49            printf("Input your guess:");
50            //输入猜的数，保存在数组 b 中，返回 0 表示输入错误
51            if (InputGuess(guess) == 0) continue;
52            count++;
53            //统计数字和位置都猜对的个数
54            rightPosition = IsRightPosition(magic, guess);
55            //统计用户猜对的数字个数
56            rightDigit = IsRightDigit(magic, guess);
57            //统计数字猜对但位置没猜对的个数
58            rightDigit = rightDigit - rightPosition;
59            printf("%dA%dB\n", rightPosition, rightDigit);
60        }while (count < level && rightPosition != 4);
61        return rightPosition;
62   }
63   //函数功能：输入用户猜的数，保存在数组 b 中
64   int InputGuess(int guess[]){
65        for (int i=0; i<4; i++){
66            int ret = scanf("%1d", &guess[i]);
67            if (ret != 1){                 //如果输入非法数字字符
68                printf("Input Error!\n");
```

```
69          while (getchar() != '\n');    //清除输入缓冲区中的内容
70          return 0;
71      }
72  }
73  if (guess[0] == guess[1] || guess[0] == guess[2] ||
74      guess[0] == guess[3] || guess[1] == guess[2] ||
75      guess[1] == guess[3] || guess[2] == guess[3]){
76      printf("The numbers must be different from each other!\n");
77      return 0;
78  }
79  else{
80      return 1;
81  }
82 }
83 //函数功能：统计计算机随机生成的 guess 和用户猜测的 magic 数字和位置都一致的个数
84 int IsRightPosition(int magic[], int guess[]){
85      int rightPosition = 0;
86      for (int j=0; j<4; j++){
87          if (guess[j] == magic[j]){         //统计数字和位置都猜对的个数
88              rightPosition++;
89          }
90      }
91      return rightPosition;
92 }
93 //函数功能：统计 guess 和 magic 数字一致（不考虑位置是否一致）的个数
94 int IsRightDigit(int magic[], int guess[]){
95      int rightDigit = 0;
96      for (int j=0; j<4; j++){
97          for (int k=0; k<4; k++){
98              if (guess[j] == magic[k]){   //统计用户猜对的数字个数
99                  rightDigit++;
100             }
101         }
102     }
103     return rightDigit;
104 }
```

15. 餐饮服务质量调查

实验任务和要求：学校邀请 n 个学生给校园餐厅的饮食和服务质量进行评分，分数划分为 10 个等级（1 表示最低分，10 表示最高分），请编程统计并按如下格式输出餐饮服务质量调查结果，同时计算评分的平均数（Mean）、中位数（Median）和众数（Mode）。

```
Grade       Count       Histogram
 1           5          *****
 2           10         **********
 3           7          *******
```
...

要求先输入学生人数 n（假设 n 最多不超过 40），然后输出评分的统计结果。计算众数时不考虑两个或两个以上的评分出现次数相同的情况。要求采用模块化程序设计方法和数组进行程序设计。

程序运行结果示例如下：

测试编号	程序运行结果示例
1	Input n:40✓ 10 9 10 8 7 6 5 10 9 8✓ 8 9 7 6 10 9 8 8 7 7✓ 6 6 8 8 9 9 10 8 7 7✓

```
9 8 7 9 7 6 5 9 8 7↙
Feedback    Count   Histogram
    1        0
    2        0
    3        0
    4        0
    5        2       **
    6        5       *****
    7        9       *********
    8       10       **********
    9        9       *********
   10        5       *****
Mean value = 7
Median value = 8
Mode value = 8
```

思路提示：中位数是指排列在数组中间位置的数。计算中位数时，首先要调用排序函数对数组按升序进行排序，然后取出排序后数组中间位置的元素，即为中位数。如果数组元素的个数是偶数，那么中位数就等于数组中间那两个元素的算术平均值。

众数就是 n 个评分中出现次数最多的数。计算众数时，首先要统计不同评分出现的次数，然后找出出现次数最多的评分，这个评分就是众数。

参考程序如下：

```
1    #include <stdio.h>
2    #define  M   40
3    #define  N   11
4    void Count(int answer[], int n, int count[]);
5    int Mean(int answer[], int n);
6    int Median(int answer[], int n);
7    int Mode(int answer[], int n);
8    void DataSort(int a[], int n);
9    int main(void){
10       int  n, feedback[M], count[N] = {0};
11       do{
12           printf("Input n:");
13           scanf("%d", &n);
14       }while (n<=0 || n>40);
15       for (int i=0; i<n; ++i){
16           scanf("%d", &feedback[i]);
17           if (feedback[i]<1 || feedback[i]>10){
18               printf("Input error!\n");
19               i--;
20           }
21       }
22       Count(feedback, n, count);
23       printf("Feedback\tCount\tHistogram\n");
24       for (int grade=1; grade<=N-1; grade++){
25           printf("%8d\t%5d\t", grade, count[grade]);
26           for (int j=0; j<count[grade]; ++j){
27               printf("%c",'*');
28           }
29           printf("\n");
30       }
31       printf("Mean value = %d\n", Mean(feedback, n));
32       printf("Median value = %d\n", Median(feedback, n));
33       printf("Mode value = %d\n", Mode(feedback, n));
34       return 0;
35   }
```

```
36    //函数功能：统计每个评分等级的人数
37    void Count(int answer[], int n, int count[]){
38        for (int i=0; i<N; ++i){
39            count[i] = 0;
40        }
41        for (int i=0; i<n; ++i){
42            switch (answer[i]){
43                case 1: count[1]++;  break;
44                case 2: count[2]++;  break;
45                case 3: count[3]++;  break;
46                case 4: count[4]++;  break;
47                case 5: count[5]++;  break;
48                case 6: count[6]++;  break;
49                case 7: count[7]++;  break;
50                case 8: count[8]++;  break;
51                case 9: count[9]++;  break;
52                case 10:count[10]++; break;
53            }
54        }
55    }
56    //函数功能：若n>0，则返回 n 个数的平均数，否则返回-1
57    int Mean(int answer[], int n){
58        int sum = 0;
59        for (int i=0; i<n; ++i){
60            sum += answer[i];
61        }
62        return  n > 0 ? sum / n : -1;
63    }
64    //函数功能：返回 n 个数的中位数
65    int Median(int answer[], int n){
66        DataSort(answer, n);
67         if (n % 2 == 0){
68            return  (answer[n/2] + answer[n/2-1]) / 2;
69        }
70        else{
71            return  answer[n/2];
72        }
73    }
74    //函数功能：返回 n 个数的众数
75    int Mode(int answer[], int n){
76        int max = 0, modeValue = 0, count[N+1] = {0};
77        for (int i=0; i<n; ++i){
78            count[answer[i]]++;              //统计每个等级的出现次数
79        }
80         //统计出现次数的最大值
81        for (int grade=1; grade<=N; grade++){
82            if (count[grade] > max){
83                max = count[grade];         //记录出现次数的最大值
84                modeValue = grade;          //记录出现次数最多的等级
85            }
86        }
87        return modeValue;
88    }
89    //函数功能：按选择法对数组 a 中的 n 个元素进行排序
90    void DataSort(int a[], int n){
91        for (int i=0; i<n-1; ++i){
92            int k = i;
93            for (int j=i+1; j<n; ++j){
94                if (a[j] > a[k]) k = j;
```

```
95              }
96          if (k != i){
97              int temp = a[k];
98              a[k] = a[i];
99              a[i] = temp;
100         }
101     }
102 }
```

16. 菜单驱动的学生成绩管理

实验任务和要求：请编写一个菜单驱动的学生成绩管理系统，如图 3-1 所示，除了提供学生基本信息的增删改查等功能之外，还能实现按学号和姓名对学生成绩进行排序和查找，以及按满分（100 分）、优秀（90~99）、良好（80~89）、中等（70~79）、及格（60~69）、不及格（0~59）6 个类别对每门课程成绩进行分类统计等功能。

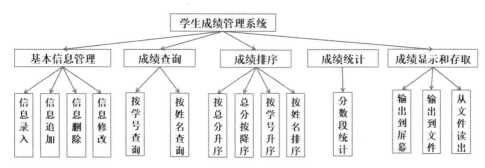

图 3-1　学生成绩管理系统的功能模块分解图

要求支持键盘输入学生信息以及从文件中读取学生信息两种数据输入方式，同时支持将修改后的学生信息保存到文件中。假设每个班的学生人数最多不超过 30 人，课程门数最多不超过 6 门，参考如下的菜单进行显示并提示用户输入选项，然后根据用户的选项执行相应的功能。

```
Management for Students' scores
1.Input record
2.Append record
3.Delete record
4.Modify record
5.Sort in descending order by total score of every student
6.Sort in ascending order by total score of every student
7.Sort in ascending order by number
8.Sort in dictionary order by name
9.Search by number
10.Search by name
11.Statistic analysis for every course
12.List record
13.Write to a file
14.Read from a file
0.Exit
Please enter your choice:
```

要求使用文件、结构体数组和模块化程序设计方法进行编程。

程序运行示例（略）。

参考程序如下：

```
1   #include <stdio.h>
2   #include <stdlib.h>
3   #include <string.h>
```

```
4    #define    MAX_LEN    10             //字符串最大长度
5    #define    STU_NUM 30                //最多的学生人数
6    #define    COURSE_NUM 6              //最多的考试科目数
7    #define    MAX_SIZE    10            //文件名最大长度
8    typedef struct student{
9         long num;                       //每个学生的学号
10        char name[MAX_LEN];             //每个学生的姓名
11        float score[COURSE_NUM];        //每个学生 COURSE_NUM 门功课的成绩
12        float sum;                      //每个学生的总成绩
13        float aver;                     //每个学生的平均成绩
14   } STU;
15   int    Menu(void);
16   void   ReadRecord(STU stu[], int n, int m);
17   int    AppendRecord(STU stu[], int n, int m);
18   int    DeleteRecord(STU stu[], int n);
19   void   ModifyRecord(STU stu[], int n, int m);
20   void   AverSumofEveryStudent(STU stu[], int n, int m);
21   void   SortbyScore(STU stu[], int n, int (*compare)(float a, float b));
22   int    Ascending(float a, float b);
23   int    Descending(float a, float b);
24   void   SortbyNum(STU stu[], int n);
25   void   SortbyName(STU stu[], int n);
26   void   SwapStruct(STU *x, STU *y);
27   int    SearchNumber(STU stu[], int n, long number);
28   void   SearchbyNum(STU stu[], int n, int m);
29   int    SearchName(STU stu[], int n, char name[]);
30   void   SearchbyName(STU stu[], int n, int m);
31   void   StatisticAnalysis(STU stu[], int n, int m);
32   void   PrintScore(STU stu[], int n, int m);
33   void   WritetoFile(char fileName[], STU record[], int n, int m);
34   void   ReadfromFile(char fileName[], STU record[], int *n, int *m);
35   int main(void){
36       STU    stu[STU_NUM];
37       char   fileName[MAX_SIZE];
38       int    n = 0, m = 0;
39       printf("Input student number(n<%d):", STU_NUM);
40       scanf("%d", &n);
41       if (n < 0 || n >= STU_NUM){
42           printf("Invalid student number!\n");
43           return 1;
44       }
45       printf("Input course number(m<=%d):", COURSE_NUM);
46       scanf("%d", &m);
47       if (m < 0 || m > COURSE_NUM){
48           printf("Invalid course number!\n");
49           return 1;
50       }
51       while (1){
52           char ch = Menu();              //显示菜单，并读取用户输入
53           switch (ch){
54           case 1:
55               ReadRecord(stu, n, m);
56               break;
57           case 2:
58               n = AppendRecord(stu, n, m);
59               printf("Total records:%d\n", n);
60               break;
61           case 3:
62               n = DeleteRecord(stu, n);
```

```
 63                printf("Total records:%d\n", n);
 64                break;
 65            case 4:
 66                ModifyRecord(stu, n, m);
 67                break;
 68            case 5:
 69                SortbyScore(stu, n, Descending);
 70                printf("\nSort in descending order by score:\n");
 71                PrintScore(stu, n, m);
 72                break;
 73            case 6:
 74                SortbyScore(stu, n, Ascending);
 75                printf("\nSort in ascending order by score:\n");
 76                PrintScore(stu, n, m);
 77                break;
 78            case 7:
 79                SortbyNum(stu, n);
 80                printf("\nSort in ascending order by number:\n");
 81                PrintScore(stu, n, m);
 82                break;
 83            case 8:
 84                SortbyName(stu, n);
 85                printf("\nSort in dictionary order by name:\n");
 86                PrintScore(stu, n, m);
 87                break;
 88            case 9:
 89                SearchbyNum(stu, n, m);
 90                break;
 91            case 10:
 92                SearchbyName(stu, n, m);
 93                break;
 94            case 11:
 95                StatisticAnalysis(stu, n, m);
 96                break;
 97            case 12:
 98                PrintScore(stu, n, m);
 99                break;
100            case 13:
101                printf("Input FileName:");
102                scanf("%s", fileName);
103                WritetoFile(fileName, stu, n, m);
104                break;
105            case 14:
106                printf("Input FileName:");
107                scanf("%s", fileName);
108                ReadfromFile(fileName, stu, &n, &m);
109                break;
110            case 0:
111                printf("End of program!");
112                exit(0);
113            default:
114                printf("Input error!");
115            }
116        }
117        return 0;
118 }
119 //函数功能：显示菜单并返回用户输入的选项
120 int Menu(void){
121     int itemSelected;
```

```
122        printf("Management for Students' scores\n");
123        printf("1.Input record\n");
124        printf("2.Append record\n");
125        printf("3.Delete record\n");
126        printf("4.Modify record\n");
127        printf("5.Sort in descending order by score\n");
128        printf("6.Sort in ascending order by score\n");
129        printf("7.Sort in ascending order by number\n");
130        printf("8.Sort in dictionary order by name\n");
131        printf("9.Search by number\n");
132        printf("10.Search by name\n");
133        printf("11.Statistic analysis\n");
134        printf("12.List record\n");
135        printf("13.Write to a file\n");
136        printf("14.Read from a file\n");
137        printf("0.Exit\n");
138        printf("Please Input your choice:");
139        scanf("%d", &itemSelected);              //读入用户输入的选项
140        return itemSelected;
141  }
142  //函数功能：从键盘输入 n 个学生 m 门课程的信息
143  void ReadRecord(STU stu[], int n, int m){
144        printf("Input student's ID, name and score:\n");
145        for (int i=0; i<n; i++){
146            scanf("%ld%s", &stu[i].num, stu[i].name);
147            for (int j=0; j<m; j++){
148                scanf("%f", &stu[i].score[j]);
149            }
150        }
151        AverSumofEveryStudent(stu, n, m);
152  }
153  //函数功能：追加某个学生的信息，返回记录总数
154  int AppendRecord(STU stu[], int n, int m){
155        printf("Input student's ID, name and score:\n");
156        scanf("%ld%s", &stu[n].num, stu[n].name);
157        for (int j=0; j<m; j++){
158            scanf("%f", &stu[n].score[j]);
159        }
160        AverSumofEveryStudent(stu, n+1, m);
161        return n+1;
162  }
163  //函数功能：删除某个学生的信息，若找到，则删除并返回记录总数
164  int DeleteRecord(STU stu[], int n){
165        long num;
166        printf("Input the student's ID you want to delete:\n");
167        scanf("%ld", &num);
168        int pos = SearchNumber(stu, n, num);
169        if (pos != -1){
170            for (int i=pos; i<n-1; i++){
171                stu[i] = stu[i+1];
172            }
173            return n-1;
174        }
175        else{
176            printf("Not found!\n");
177            return n;
178        }
179  }
180  //函数功能：修改某个学生的信息，若找到，则修改并返回记录总数
```

```
181  void ModifyRecord(STU stu[], int n, int m){
182      long num;
183      printf("Input the student's ID you want to modify:\n");
184      scanf("%ld", &num);
185      int pos = SearchNumber(stu, n, num);
186      if (pos != -1){
187          printf("Input new ID, name and score:\n");
188          scanf("%ld%s", &stu[n].num, stu[n].name);
189          for (int j=0; j<m; j++){
190              scanf("%f", &stu[n].score[j]);
191          }
192          AverSumofEveryStudent(stu, n, m);
193      }
194      else{
195          printf("Not found!\n");
196      }
197  }
198  //函数功能：计算 n 个学生中每个学生的 m 门课程总分和平均分
199  void AverSumofEveryStudent(STU stu[], int n, int m){
200      for (int i=0; i<n; i++){
201          stu[i].sum = 0;
202          for (int j=0; j<m; j++){
203              stu[i].sum +=  stu[i].score[j];
204          }
205          stu[i].aver = m > 0 ? stu[i].sum / m : -1;
206          printf("student %d: sum = %.0f, aver = %.0f\n",
207                  i+1, stu[i].sum, stu[i].aver);
208      }
209  }
210  //函数功能：采用选择法按 sum 成员对结构体数组的 n 个元素进行排序
211  //          传给函数指针 compare 的回调函数决定排序方式
212  void SortbyScore(STU stu[], int n, int (*compare)(float a, float b)){
213      for (int i=0; i<n-1; i++){
214          int k = i;
215          for (int j=i+1; j<n; j++){
216              if ((*compare)(stu[j].sum, stu[k].sum)){
217                  k = j;
218              }
219          }
220          if (k != i){
221              SwapStruct(&stu[k], &stu[i]);     //交换两个结构体数组元素
222          }
223      }
224  }
225  //函数功能：使数据升序排序的回调函数
226  int Ascending(float a, float b){
227      return a < b;                            //按升序排序，如果 a<b，则交换
228  }
229  //函数功能：使数据降序排序的回调函数
230  int Descending(float a, float b){
231      return a > b;                            //按降序排序，如果 a>b，则交换
232  }
233  //函数功能：交换两个结构体数据
234  void SwapStruct(STU *x, STU *y){
235      STU t = *x;
236      *x = *y;
237      *y = t;
238  }
239  //函数功能：按选择法将数组 num 的元素值升序排序
```

```
240  void SortbyNum(STU stu[], int n){
241      int k, j;
242      for (int i=0; i<n-1; i++){
243          k = i;
244          for (j=i+1; j<n; j++){
245              if (stu[j].num < stu[k].num){
246                  k = j;
247              }
248          }
249          if (k != i){
250              SwapStruct(&stu[k], &stu[i]);        //交换两个结构体数组元素
251          }
252      }
253  }
254  //函数功能：交换法实现按字典顺序对结构体数组的 n 个元素进行排序
255  void SortbyName(STU stu[], int n){
256      for (int i=0; i<n-1; i++){
257          for (int j = i+1; j<n; j++){
258              if (strcmp(stu[j].name, stu[i].name) < 0){
259                  SwapStruct(&stu[i], &stu[j]);        //交换两个结构体数组元素
260              }
261          }
262      }
263  }
264  //函数功能：按学号查找学生信息，若找到则返回下标，否则返回-1
265  int SearchNumber(STU stu[], int n, long number){
266      for (int i=0; i<n; i++){
267          if (stu[i].num == number){
268              return i;
269          }
270      }
271      return -1;
272  }
273  //函数功能：按学号查找学生信息，并打印查找结果
274  void SearchbyNum(STU stu[], int n, int m){
275      long   number;
276      printf("Input the number you want to search:");
277      scanf("%ld", &number);
278      int pos = SearchNumber(stu, n, number);
279      if (pos != -1){
280          printf("%ld\t%s\t", stu[pos].num, stu[pos].name);
281          for (int j=0; j<m; j++){
282              printf("%.0f\t", stu[pos].score[j]);
283          }
284          printf("%.0f\t%.0f\n", stu[pos].sum, stu[pos].aver);
285      }
286      else{
287          printf("\nNot found!\n");
288      }
289  }
290  //函数功能：按学号查找学生信息，若找到则返回下标，否则返回-1
291  int SearchName(STU stu[], int n, char name[]){
292      for (int i=0; i<n; i++){
293          if (strcmp(stu[i].name, name) == 0){
294              return i;
295          }
296      }
297      return -1;
298  }
```

```
299  //函数功能：按姓名的字典顺序排出成绩表
300  void SearchbyName(STU stu[], int n, int m){
301      char x[MAX_LEN];
302      printf("Input the name you want to search:");
303      scanf("%s", x);
304      int pos = SearchName(stu, n, x);
305      if (pos != -1){
306          printf("%ld\t%s\t", stu[pos].num, stu[pos].name);
307          for (int j=0; j<m; j++){
308              printf("%.0f\t", stu[pos].score[j]);
309          }
310          printf("%.0f\t%.0f\n", stu[pos].sum, stu[pos].aver);
311      }
312      else{
313          printf("\nNot found!\n");
314      }
315  }
316  //函数功能：统计各分数段的学生人数及所占的百分比
317  void StatisticAnalysis(STU stu[], int n, int m){
318      int  t[6] = {0};                    //初始化分数段计数器
319      for (int j=0; j<m; j++){
320          printf("For course %d:\n", j+1);
321          memset(t, 0, sizeof(t));         //重置分数段计数器
322          for (int i=0; i<n; i++){          //统计分数段人数
323              if (stu[i].score[j] >= 0 && stu[i].score[j] < 60)
324                  t[0]++;
325              else if (stu[i].score[j] < 70)
326                  t[1]++;
327              else if (stu[i].score[j] < 80)
328                  t[2]++;
329              else if (stu[i].score[j] < 90)
330                  t[3]++;
331              else if (stu[i].score[j] < 100)
332                  t[4]++;
333              else if (stu[i].score[j] == 100)
334                  t[5]++;
335          }
336          for (int i=0; i<=5; i++){          //打印分数段人数及百分比
337              if (i == 0){
338                  printf("<60\t%d\t%.2f%%\n", t[i], (float)t[i]/n*100);
339              }
340              else if (i == 5){
341                  printf("%d\t%d\t%.2f%%\n", (i+5)*10, t[i], (float)t[i]/n*100);
342              }
343              else{
344                  printf("%d-%d\t%d\t%.2f%%\n",
345                          (i+5)*10, (i+5)*10+9, t[i], (float)t[i]/n*100);
346              }
347          }
348      }
349  }
350  //函数功能：打印学生成绩
351  void PrintScore(STU stu[], int n, int m){
352      for (int i=0; i<n; i++){
353          printf("%ld\t%s\t", stu[i].num, stu[i].name);
354          for (int j=0; j<m; j++){
355              printf("%.0f\t", stu[i].score[j]);
356          }
357          printf("%.0f\t%.0f\n", stu[i].sum, stu[i].aver);
```

```
358        }
359 }
360 //函数功能：输出 n 个学生的学号、姓名及 m 门课程的成绩到文件 student.txt 中
361 void WritetoFile(char fileName[], STU stu[], int n, int m){
362     FILE *fp;
363     if ((fp = fopen(fileName,"w")) == NULL){
364         printf("Failure to open %s!\n", fileName);
365         exit(0);
366     }
367     fprintf(fp, "%d\t%d\n", n, m);          //将学生人数和课程门数写入文件
368     for (int i=0; i<n; i++){
369         fprintf(fp, "%10ld%10s", stu[i].num, stu[i].name);
370         for (int j=0; j<m; j++){
371             fprintf(fp, "%10.0f", stu[i].score[j]);
372         }
373         fprintf(fp, "%10.0f%10.0f\n", stu[i].sum, stu[i].aver);
374     }
375     fclose(fp);
376 }
377 //从文件中读取学生的学号、姓名及成绩等信息写入到结构体数组 stu 中
378 void ReadfromFile(char fileName[], STU stu[], int *n, int *m){
379     FILE *fp;
380     if ((fp = fopen(fileName,"r")) == NULL){
381         printf("Failure to open %s!\n", fileName);
382         exit(0);
383     }
384     fscanf(fp, "%d\t%d", n, m);              //从文件中读出学生人数和课程门数
385     for (int i=0; i<*n; i++){                //学生人数保存在 n 指向的存储单元
386         fscanf(fp, "%10ld", &stu[i].num);
387         fscanf(fp, "%10s", stu[i].name);
388         for (int j=0; j<*m; j++){            //课程门数保存在 m 指向的存储单元
389             fscanf(fp, "%10f", &stu[i].score[j]);//输入不能指定精度，不能用%10.0f
390         }
391         fscanf(fp, "%10f%10f", &stu[i].sum, &stu[i].aver);//不能用%10.0f
392     }
393     fclose(fp);
394 }
```

17. 菜单驱动的链表管理

实验任务和要求：请编写一个菜单驱动的链表管理程序，显示以下菜单：

```
1.Append record
2.Delete record
3.Insert record
4.Sort   record
5.List   record
0.Exit
Please Input your choice:
```

当用户选择 1 时，执行节点的添加操作；当用户选择 2 时，执行节点的删除操作；当用户选择 3 时，执行节点的插入操作（插入前先执行升序排序操作，然后插入节点后仍保持升序排序状态）；当用户选择 4 时，执行节点的升序排序操作；当用户选择 5 时，显示链表中的节点信息；当用户选择 0 时，退出程序的执行。

要求使用单向链表和模块化程序设计进行编程。

程序运行结果示例（略）。

参考程序如下：

```
1    #include <stdio.h>
```

```
2    #include <stdlib.h>
3    struct link *AppendNode(struct link *head, int nodeData);
4    struct link *DeleteNode(struct link *head, int nodeData);
5    struct link *InsertNode(struct link *head, int nodeData);
6    struct link *BubbleSortNode(struct link *head);
7    void DisplyNode(struct link *head);
8    void DeleteMemory(struct link *head);
9    char Menu(void);
10   struct link{
11       int data;
12       struct link *next;
13   };
14   int main(void){
15       int nodeData;
16       struct link *head = NULL;                    //链表头指针
17       while (1){
18           char ch = Menu();                        //显示菜单，并读取用户输入
19           switch (ch){
20           case'1':printf("Input node data you want to append:");
21                   scanf("%d", &nodeData);       //输入节点数据
22                   head = AppendNode(head, nodeData);    //添加节点
23                   DisplyNode(head);             //显示当前链表中的各节点信息
24                   break;
25           case'2':printf("Input node data you want to delete:");
26                   scanf("%d", &nodeData);       //输入节点数据
27                   head = DeleteNode(head, nodeData);    //删除节点
28                   DisplyNode(head);             //显示当前链表中的各节点信息
29                   break;
30           case'3':printf("Input node data you want to insert:");
31                   scanf("%d", &nodeData);       //输入节点数据
32                   head = BubbleSortNode(head); //节点升序排序
33                   head = InsertNode(head, nodeData);    //插入节点
34                   DisplyNode(head);             //显示当前链表中的各节点信息
35                   break;
36           case'4':head = BubbleSortNode(head);//节点升序排序
37                   DisplyNode(head);             //显示当前链表中的各节点信息
38                   break;
39           case'5':DisplyNode(head);
40                   break;
41           case'0':printf("End of program!");
42                   DeleteMemory(head);          //释放所有节点的内存
43                   exit(0);                     //退出程序
44                   break;
45           default:printf("Input error!");
46           }
47       }
48   }
49   //函数功能：新建一个节点值为nodeData的节点并添加到链表末尾，返回链表的头指针
50   struct link *AppendNode(struct link *head, int nodeData){
51       struct link *newP = NULL, *p = NULL;
52       newP = (struct link *)malloc(sizeof(struct link));    //让p指向新建节点
53       if (newP == NULL){                          //若为新建节点申请内存失败，则退出程序
54           printf("No enough memory to allocate!\n");
55           exit(0);
56       }
57       newP->data = nodeData;                      //向新建节点的数据域赋值
58       newP->next = NULL;                          //标记新建节点为表尾
59       if (head == NULL){                          //若原链表为空表
```

```
60              head = newP;                            //将新建节点置为头节点
61          }
62          else{                                       //若原链表为非空，则将新建节点添加到表尾
63              p = head;                               //p 开始时指向头节点
64              while (p->next != NULL){                 //若未到表尾，则移动 pr 直到 pr 指向表尾
65                  p = p->next;                        //让 p 指向后继节点
66              }
67              p->next = newP;                         //让尾节点的指针域指向新建节点
68          }
69          return head;                                //返回添加节点后的链表的头指针
70      }
71      //函数功能：从 head 指向的链表中删除一个节点，返回删除节点后的链表的头指针
72      struct link *DeleteNode(struct link *head, int nodeData){
73          struct link *p = head, *pr = NULL;          //p 开始时指向头节点
74          if (head == NULL){                          //若链表为空表，则退出程序
75              printf("Linked Table is empty!\n");
76              return head;
77          }
78          while (p->data != nodeData && p->next != NULL){  //未找到且未到表尾
79              pr = p;                                 //在 pr 中保存当前节点的指针
80              p = p->next;                            //p 指向当前节点的后继节点
81          }
82          if (p->data == nodeData){  //若当前节点的节点值为 nodeData，找到待删除节点
83              if (p == head){                         //若待删节点为头节点
84                  head = p->next;                     //让头指针指向待删除节点 p 的后继节点
85              }
86              else{                                   //若待删节点不是头节点
87                  pr->next = p->next;                 //让前驱节点的指针域指向待删节点的后继节点
88              }
89              free(p);                                //释放为已删除节点分配的内存
90          }
91          else{                                       //找到表尾仍未发现节点值为 nodeData 的节点
92              printf("This Node has not been found!\n");
93          }
94          return head;                                //返回删除节点后的链表头指针 head 的值
95      }
96      //函数功能：在按升序排序的链表中插入一个节点，返回插入节点后的链表头指针
97      struct link *InsertNode(struct link *head, int nodeData){
98          struct link *p = NULL, *newP = NULL, *pr = NULL;
99          newP = (struct link *)malloc(sizeof(struct link));   //让 p 指向待插入节点
100         if (newP == NULL){                          //若为新建节点申请内存失败，则退出程序
101             printf("No enough memory!\n");
102             exit(0);
103         }
104         newP->next = NULL;                          //为待插入节点的指针域赋值为空指针
105         newP->data = nodeData;                      //为待插入节点数据域赋值为 nodeData
106         if (head == NULL){                          //若原链表为空表
107             head = newP;                            //待插入节点作为头节点
108         }
109         else{                                       //若原链表为非空，则先查找待插入节点的位置
110             p = head;                               //p 开始时指向头节点
111             while (nodeData >= p->data && p->next != NULL){
112                 pr = p;                             //在 pr 中保存当前节点的指针
113                 p = p->next;                        //p 指向当前节点的后继节点
114             }
115             if (nodeData <= p->data){
116                 if (p == head){                     //若在头节点前插入新建节点
```

```
117              newP->next = head;              //将新建节点的指针域指向原链表的头节点
118              head = newP;                    //让 head 指向新建节点
119          }
120          else{                               //若在链表中间插入新建节点
121              newP->next = p;                 //将新建节点的指针域指向后继节点
122              pr->next = newP;                //让前驱节点的指针域指向新建节点
123          }
124      }
125      else{                                   //若在表尾插入新建节点
126          p->next = newP;                     //让尾节点的指针域指向新建节点
127      }
128  }
129  return head;                                //返回插入新建节点后的链表头指针 head 的值
130 }
131 //函数功能: 采用冒泡法, 按链表节点的 data 成员进行升序排序
132 struct link *BubbleSortNode(struct link *head){
133      struct link *p = head;
134      int n = 0;
135      while (p->next != NULL){                 //统计链表中的节点数
136          p = p->next;
137          n++;
138      }
139      n++;
140      struct link *pr = NULL;                  //n 为链表中的节点数
141      for (int i=1; i<n; i++){
142          pr = head;                           //pr 指向头节点
143          p = pr->next;                        //p 指向头节点的后继节点
144          for (int j=0; j<n-i; j++){
145              if (pr->data > p->data){         //若后继节点的数据更大, 则互换节点中的数据
146                  int temp = pr->data;
147                  pr->data = p->data;
148                  p->data = temp;
149              }
150              p = p->next;                     //p 指向后继节点
151              pr = pr->next;                   //pr 指向后继节点
152          }
153      }
154      return head;                             //返回头节点
155 }
156 //函数功能: 显示链表中所有节点的节点号和节点数据
157 void DisplyNode(struct link *head){
158      struct link *p = head;                   //p 开始时指向头节点
159      int j = 1;
160      while (p != NULL){                       //若不是表尾
161          printf("%5d%10d\n", j, p->data);     //打印第 j 个节点的数据
162          p = p->next;                         //让 p 指向后继节点
163          j++;
164      }
165 }
166 //函数功能: 释放 head 指向的链表中所有节点占用的内存
167 void DeleteMemory(struct link *head){
168      struct link *p = head, *pr = NULL;       //p 开始时指向头节点
169      while (p != NULL){                       //若不是表尾
170          pr = p;                              //在 pr 中保存当前节点的指针
171          p = p->next;                         //让 p 指向后继节点
172          free(pr);                            //释放 pr 指向的内存
173      }
174 }
```

```
175    //函数功能：显示菜单并获得用户键盘输入的选项
176    char Menu(void){
177        char ch;
178        printf(" 1.Append record\n");
179        printf(" 2.Delete record\n");
180        printf(" 3.Insert record\n");
181        printf(" 4.Sort   record\n");
182        printf(" 5.List   record\n");
183        printf(" 0.Exit\n");
184        printf("Please Input your choice:");
185        scanf(" %c", &ch);                //在%c前面加一个空格，将存于缓冲区中的回车符读入
186        return ch;
187    }
```

18. 飞机大战游戏

18.1 飞机大战游戏初级版

实验任务和要求：请编写一个初级版的飞机大战游戏。游戏设计要求：

（1）在游戏窗口中显示我方飞机和敌机，敌机的位置随机产生；

（2）用户使用 a、d、w、s 键控制我方飞机向左、向右、向上、向下移动；

（3）用户使用空格键发射激光子弹，如图 3-2 所示；

（4）在没有用户按键操作情况下，敌机自行下落，为控制敌机向下移动的速度，每隔 10 次循环才向下移动一次敌机；

（5）如果用户发射的激光子弹击中敌机，则敌机消失，同时随机产生新的敌机，每击中一架敌机就给游戏者加 1 分，如果敌机跑出游戏画面，则敌机消失，同时随机产生新的敌机，每跑出游戏画面一架敌机就给游戏者扣 1 分；

（6）如果我方飞机撞到敌机，则游戏结束。

要求按照模块化设计方法设计游戏。

参考程序如下：

图 3-2　使用空格键发射激光子弹

```
1     #include <stdio.h>
2     #include <stdlib.h>
3     #include <conio.h>
4     #include <time.h>
5     #include <windows.h>
6     #define INTERVAL 10          //敌机下落的时间间隔，用于控制敌机的下落速度
7     //全局变量
8     int high, width;             //游戏画面尺寸
9     int planeX, planeY;          //飞机位置
10    int bulletX, bulletY;        //子弹位置
11    int enemyX, enemyY;          //敌机位置
12    int score;                   //游戏得分
13    void Initialize(void);
14    void Show(void);
15    void UpdateWithoutInput(void);
16    void UpdateWithInput(void);
17    int main(void){
18        Initialize();            //数据的初始化
19        while (1){
```

```
20          system("cls");                  //清屏
21          Show();                         //显示游戏画面
22          UpdateWithoutInput();           //与用户输入无关的更新
23          UpdateWithInput();              //与用户输入有关的更新
24          Sleep(10);                      //防止闪烁，并控制画面更新速度
25      }
26      return 0;
27  }
28  //函数功能：数据的初始化
29  void Initialize(void){
30      high = 20;                          //游戏池的高度
31      width = 30;                         //游戏池的宽度
32      planeX = high / 2;                  //飞机的初始纵坐标位置
33      planeY = width / 2;                 //飞机的初始横坐标位置
34      bulletX = 0;                        //子弹的初始纵坐标位置
35      bulletY = planeY;                   //子弹的初始横坐标位置
36      enemyX = 0;                         //敌机的初始纵坐标位置
37      enemyY = 15;                        //敌机的初始横坐标位置
38      score = 0;                          //初始的得分
39  }
40  //函数功能：显示游戏画面
41  void Show(void){
42      for (int i=0; i<high; i++){
43          for (int j=0; j<width; j++){
44              if (i == planeX && j == planeY){
45                  printf("*");            //输出飞机
46              }
47              else if (i == enemyX && j == enemyY){
48                  printf("@");            //输出敌机
49              }
50              else if (i == bulletX && j == bulletY){
51                  printf("|");            //输出子弹
52              }
53              else{
54                  printf(" ");            //输出空格
55              }
56          }
57          printf("\n");
58      }
59      printf("-----------------------------\n");
60      printf("%d\n", score);
61  }
62  //函数功能：与用户输入无关的更新
63  void UpdateWithoutInput(void){
64      srand(time(NULL));
65      if (bulletX > -1){
66          bulletX--;                      //子弹移动，超出屏幕上边界不显示
67      }
68      if (bulletX == enemyX && bulletY == enemyY){ //子弹击中敌机
69          score++;                        //击中敌机，则加 1 分
70          enemyX = -1;                    //敌机消失，隔 10 帧后重新出现在屏幕顶端
71          enemyY = rand() % width;        //水平位置随机生成
72          bulletX = -2;                   //击中敌机后，不再显示子弹，即令子弹无效
73      }
74      if (enemyX > high){                 //敌机跑出屏幕下边界时产生新的敌机
75          enemyX = 0;
76          enemyY = rand() % width;        //水平位置随机生成
```

```
77              score--;                        //敌机跑出屏幕下边界，则减1分
78          }
79      if (planeX == enemyX && planeY == enemyY){ //撞上敌机则游戏结束
80          printf("Game over!\n");
81          system("pause");
82          exit(0);
83      }
84      //控制敌机向下移动的速度，每隔10次循环才移动一次敌机
85      static int speed = 0;                   //静态局部变量，仅初始化1次
86      if (speed < INTERVAL){
87          speed++;                            //记录 UpdateWithoutInput() 执行的次数
88      }
89      else if (speed == INTERVAL){
90          enemyX++;                           //每执行10次 UpdateWithoutInput() 就让敌机自动下移1次
91          speed = 0;                          //重新开试计数
92      }
93  }
94  //函数功能：与用户输入有关的更新
95  void UpdateWithInput(void){
96      char input;
97      if (kbhit()){                           //检测是否有键盘输入
98          input = getch();                    //根据用户的不同输入移动飞机，不必输入回车
99          if (input == 'a') planeY--; //左移
100         if (input == 'd') planeY++; //右移
101         if (input == 'w') planeX--; //上移
102         if (input == 's') planeX++; //下移
103         if (input == ' '){                  //发射子弹
104             bulletX = planeX - 1;           //发射子弹的初始位置在飞机的正上方
105             bulletY = planeY;
106         }
107     }
108 }
```

18.2 飞机大战游戏高级版

实验任务和要求：请在飞机大战游戏初级版程序的基础上，编写飞机大战游戏的高级版。游戏设计要求：

（1）在游戏窗口中显示我方飞机和多架敌机，敌机的位置随机产生；

（2）用户使用a、d、w、s键控制我方飞机向左、向右、向上、向下移动；

（3）用户使用空格键发射激光子弹，如图3-3所示；

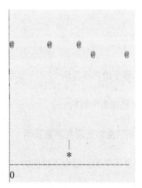

图3-3 使用空格键发射激光子弹   图3-4 单束激光子弹变成多束的闪弹

（4）在没有用户按键操作情况下，敌机自行下落；

（5）如果用户发射的激光子弹击中敌机，则敌机消失，同时随机产生新的敌机，每击中一架敌机就给游戏者加 1 分，如果敌机跑出游戏画面，则敌机消失，同时随机产生新的敌机，每跑出游戏画面一架敌机就给游戏者扣 1 分；

（6）当游戏者的积分达到一定值（例如是 5 的倍数）时，敌机下落速度变快；

（7）当游戏者的积分达到一定值（例如是 5 的倍数）时，我方飞机发射的子弹变厉害，单束激光子弹变成多束的闪弹，如图 3-4 所示；

（8）如果我方飞机撞到敌机，则游戏结束。

要求用结构体和模块化程序设计编程实现游戏程序。

参考程序如下：

```
1   #include <stdio.h>
2   #include <stdlib.h>
3   #include <conio.h>
4   #include <time.h>
5   #include <windows.h>
6   #define High 15                    //游戏画面尺寸
7   #define Width 25
8   #define EnemyNum 5                 //敌机个数
9   typedef struct position{
10      int x;
11      int y;
12  } POSITION;
13  //全局变量的定义
14  POSITION planePos;                 //飞机位置
15  POSITION enemyPos[EnemyNum];       //EnemyNum 个敌机的位置
16  //二维数组存储游戏画布中对应的元素,0 为空格,1 为飞机*,2 为子弹|,3 为敌机@
17  int canvas[High][Width] = {{0}};
18  int score;                         //游戏得分
19  int BulletWidth;                   //子弹宽度
20  int EnemyMoveSpeed;                //敌机移动速度
21  void Initialize(void);
22  void Show(void);
23  void UpdateWithoutInput(void);
24  void UpdateWithInput(void);
25  int main(void){
26      Initialize();                  //数据初始化
27      while (1){                      //游戏循环执行
28          Show();                     //显示画面
29          UpdateWithoutInput();       //与用户输入无关的更新
30          UpdateWithInput();          //与用户输入有关的更新
31      }
32      return 0;
33  }
34  //函数功能：数据初始化
35  void Initialize(void){
36      planePos.x = High-1;
37      planePos.y = Width/2;
38      canvas[planePos.x][planePos.y] = 1;
39      for (int k=0; k<EnemyNum; k++){
40          enemyPos[k].x = rand() % 2;        //取能被 2 整除的随机数
41          enemyPos[k].y = rand() % Width;
42          canvas[enemyPos[k].x][enemyPos[k].y] = 3; //存储游戏画布中敌机的元素
43      }
44      score = 0;
45      BulletWidth = 0;
```

```
46          EnemyMoveSpeed = 20;
47      }
48      //函数功能：显示游戏画面
49      void Show(void){
50          system("cls");
51          for (int i=0; i<High; i++){
52              for (int j=0; j<Width; j++){
53                  if (canvas[i][j] == 0){
54                      printf(" ");                    //输出空格
55                  }
56                  else if (canvas[i][j] == 1){
57                      printf("*");                    //输出飞机*
58                  }
59                  else if (canvas[i][j] == 2){
60                      printf("|");                    //输出子弹|
61                  }
62                  else if (canvas[i][j] == 3){
63                      printf("@");                    //输出敌机@
64                  }
65              }
66              printf("\n");
67          }
68          printf("%d\n",score);
69          Sleep(20);                                  //程序会停在那行 20 毫秒，然后继续
70      }
71      //函数功能：与用户输入无关的更新
72      void UpdateWithoutInput(void){
73          int i, j, k;
74          srand(time(NULL));
75          for (i=0; i<High; i++){
76              for (j=0; j<Width; j++){
77                  if (canvas[i][j] == 2){             //画布中某位置发现子弹
78                      for (k=0; k<EnemyNum; k++){
79                          if ((i==enemyPos[k].x) && (j==enemyPos[k].y)){//子弹击中敌机
80                              score++;                //分数加 1
81                              if (score%5==0&&EnemyMoveSpeed>3){//达到一定积分后变快
82                                  EnemyMoveSpeed--;   //减小下落的时间间隔，敌机下落变快
83                              }
84                              if (score%5 == 0){      //达到一定积分后，子弹变厉害
85                                  BulletWidth++;
86                              }
87                              canvas[enemyPos[k].x][enemyPos[k].y] = 0;   //敌机消失
88                              enemyPos[k].x = rand() % 2;                 //随机产生新的敌机
89                              enemyPos[k].y = rand() % Width;
90                              //记录新产生的敌机在画布中的位置
91                              canvas[enemyPos[k].x][enemyPos[k].y] = 3;
92                              canvas[i][j] = 0;       //子弹消失
93                          }
94                      }
95                      canvas[i][j] = 0;               //原位置上的子弹消失
96                      if (i > 0){                     //子弹向上移动
97                          canvas[i-1][j] = 2;         //子弹向上移动到新的位置，记录子弹的位置
98                      }
99                  }
100             }
101         }
102         static int speed = 0;                       //静态变量 speed，初始值是 0
103         if (speed < EnemyMoveSpeed){                //计数器小于阈值继续计数，等于阈值才让敌机下落
```

```
104            speed++;
105        }
106        if (speed == EnemyMoveSpeed){                //敌机下落
107            for (k=0; k<EnemyNum; k++){
108                canvas[enemyPos[k].x][enemyPos[k].y] = 0;  //原位置的敌机消失变为空格
109                enemyPos[k].x++;                     //敌机下落
110                speed = 0;                           //计数器恢复为0，重新开始计数
111                canvas[enemyPos[k].x][enemyPos[k].y] = 3; //记录新产生的敌机的位置
112            }
113        }
114    //speed 相当于一个计数器，EnemyMoveSpeed 相当于一个阈值
115 //每隔 EnemyMoveSpeed 下落一次，该值越小，表示下落的时间间隔越小即越快
116        for (k=0; k<EnemyNum; k++){
117            if ((planePos.x == enemyPos[k].x) && (planePos.y == enemyPos[k].y)){
118                printf("Game over!\n");              //撞到我机时游戏结束
119                Sleep(3000);
120                system("pause");                     //等待用户按一个键，然后返回
121                exit(0);
122            }
123            if (enemyPos[k].x >= High){              //敌机跑出显示屏幕
124                enemyPos[k].x = rand() % 2;          //随机产生新的敌机
125                enemyPos[k].y = rand() % Width;
126                canvas[enemyPos[k].x][enemyPos[k].y] = 3; //记录新产生的敌机的位置
127                score--;                             //减分
128            }
129        }
130 }
131 //函数功能：与用户输入有关的更新
132 void UpdateWithInput(void){
133    if (kbhit()){                                    //判断是否有输入
134        char input = getch();                        //从键盘获取用户的输入
135        if (input == 'a' && planePos.y > 0){
136            canvas[planePos.x][planePos.y] = 0;
137            planePos.y--;                            //位置左移
138            canvas[planePos.x][planePos.y] = 1;
139        }
140        else if (input == 'd' && planePos.y < Width-1){
141            canvas[planePos.x][planePos.y] = 0;
142            planePos.y++;                            //位置右移
143            canvas[planePos.x][planePos.y] = 1;
144        }
145        else if (input == 'w'){
146            canvas[planePos.x][planePos.y] = 0;
147            planePos.x--;                            //位置上移
148            canvas[planePos.x][planePos.y] = 1;
149        }
150        else if (input == 's'){
151            canvas[planePos.x][planePos.y] = 0;
152            planePos.x++;                            //位置下移
153            canvas[planePos.x][planePos.y] = 1;
154        }
155        else if (input == ' '){                      //发射子弹
156            int left = planePos.y - BulletWidth;     //子弹增加，向左边扩展
157            int right = planePos.y + BulletWidth;    //子弹增加，向右边扩展
158            if (left < 0){                           //子弹左边界超出画布左边界
159                left = 0;
160            }
161            if (right > Width-1){                    //子弹右边界超出画布右边界
```

```
162                     right = Width - 1;
163                 }
164             for (int k=left; k<=right; k++){   //发射闪弹
165                 canvas[planePos.x-1][k] = 2;   //发射子弹的初始位置在飞机的正上方
166             }
167         }
168     }
169 }
```

19. 迷宫游戏

19.1 迷宫自动寻路

实验任务和要求：请编写一个迷宫自动寻路的游戏，由用户输入迷宫的入口和出口坐标。依次尝试向上、向下、向右、向左是否有路（即是否为空格），如果在某个方向上有路可走，则继续走下一步，否则回溯到上一步尝试另外一个方向。

要求采用深度优先搜索和回溯算法，并使用递归函数来编程实现。

程序的初始界面如图 3-5 所示，这里用户输入的起点和终点坐标分别为(1,1)和(10,11)，程序运行的最终界面如图 3-6 所示。

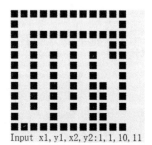

Input x1,y1,x2,y2:1, 1, 10, 11

图 3-5 游戏初始界面

恭喜走出迷宫！

图 3-6 程序运行的最终界面

参考程序如下：

```
1   #include <stdio.h>
2   #include <stdlib.h>
3   #include <windows.h>
4   #define N 50          //迷宫地图的最大高度（行数）
5   #define M 50          //迷宫地图的宽度（列数）
6   int flag = 0;         //flag用来标记是否到达出口，为0表示未到达出口，为1表示已到达出口
7   int a[N][N];          //保存迷宫地图
8   int high;             //迷宫地图的高（行数）
9   int width;            //迷宫地图的宽（列数）
10  void Show(int a[][M], int high, int width);
11  int Go(int x, int y, int exitX, int exitY);
12  void ReadMazeFile(int a[][N], int *high, int *width);
13  int main(void){
14      int x, y, exitX, exitY;              //(x,y)为入口坐标，(exitX,exitY)为出口坐标
15      ReadMazeFile(a, &high, &width);      //从文件中读取迷宫地图数据
16      Show(a, high, width);                //显示high行width列的迷宫
17      printf("Input x1,y1,x2,y2:");
18      scanf("%d,%d,%d,%d", &x, &y, &exitX, &exitY);   //输入起点和终点
19      if (Go(x, y, exitX, exitY) == 0){    //采用深度优先搜索和回溯法自动走迷宫
20          printf("没有路径! \n");
21      }
22      else{
23          printf("恭喜走出迷宫! \n");
24      }
```

```
25        return 0;
26  }
27  //函数功能：从文件 maze.txt 中读取迷宫地图数据
28  void ReadMazeFile(int a[][M], int *high, int *width){
29      FILE *fp = fopen("maze.txt", "r");
30      if (fp == NULL){
31          printf("can not open the file\n");
32          exit (0);
33      }
34      fscanf(fp, "%d%d", high, width);         //先从文件中读取迷宫地图的行数和列数
35      for (int i=0; i<*high; i++){
36          for (int j=0; j<*width; j++){
37              fscanf(fp, "%d", &a[i][j]);
38          }
39      }
40      fclose(fp);
41  }
42  //函数功能：显示 high 行 width 列的迷宫地图
43  void Show(int a[][M], int high, int width){
44      for (int i=0; i<high; ++i){           //遍历 n 行
45          for (int j=0; j<width; ++j){       //遍历 m 列
46              if (a[i][j] == 0){
47                  printf("  ");              //显示路
48              }
49              else if (a[i][j] == 1){
50                  printf("■");              //显示墙
51              }
52              else if (a[i][j] == 2){
53                  printf("★");              //显示游戏玩家走过的位置
54              }
55          }
56          printf("\n");
57      }
58  }
59  //函数功能：采用深度优先搜索和回溯法自动走迷宫
60  int Go(int x, int y, int exitX, int exitY){
61      a[x][y] = 2;                           //走过的位置都标记为 2，不可以再走
62      system("cls");                         //清屏
63      Show(a, high, width);                  //显示更新后的迷宫地图
64      Sleep(200);                            //延时 200ms
65      if (x == exitX && y == exitY){         //到达迷宫出口位置 exitX,exitY，则递归结束
66          flag = 1;
67      }
68      if (flag != 1 && a[x][y-1] == 0){      //向左有路且未到达出口，则继续走
69          Go(x, y-1, exitX, exitY);
70      }
71      if (flag != 1 && a[x][y+1] == 0){      //向右有路且未到达出口，则继续走
72          Go(x, y+1, exitX, exitY);
73      }
74      if (flag != 1 && a[x-1][y] == 0){      //向上有路且未到达出口，则继续走
75          Go(x-1, y, exitX, exitY);
76      }
77      if (flag != 1 && a[x+1][y] == 0){      //向下有路且未到达出口，则继续走
78          Go(x+1, y, exitX, exitY);
79      }
80      if (flag != 1){      //若以上四个方向均不可行，即无路可走，则回溯试探其他方向
81          a[x][y] = 0;     //回溯，走过的位置恢复为空格
82      }
```

```
83        return flag;          //在主调函数中根据返回值判断是否走出迷宫
84    }
```

19.2　迷宫地图自动生成

实验任务和要求：请编写一个随机生成迷宫地图的程序，在此地图上自动走迷宫。

要求采用深度优先算法和递归函数编程随机生成迷宫地图。

思路提示：首先假设自己是一只会挖路的"地鼠"，在自己所在的位置上随机向周围的 4 个方向不停地挖路，直到任何一块区域再挖就会挖穿了为止。基于唯一道路的原则，当向某个方向挖一块新的区域时，要先判断该新区域是否有挖穿的可能，如果有可能被挖穿，则需要立即停止，换个方向再挖。在没有挖穿危险的情况下，采用递归方式继续挖。

程序运行结果示例 1：假设用户输入的地图大小为 12,12，入口和出口坐标为 1,1,10,10，则程序运行结果如图 3-7 所示。

图 3-7　程序运行结果示例 1

程序运行结果示例 2：假设用户输入的地图大小为 12,24，入口和出口坐标为 1,1,10,22，则程序运行结果如图 3-8 所示。

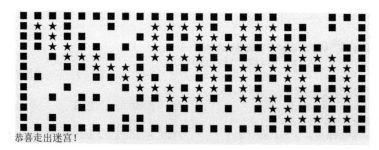

图 3-8　程序运行结果示例 2

注意：由于涉及随机函数，所以不同次运行会有不同的迷宫地图生成结果。

参考程序如下：

```
1     #include <stdio.h>
2     #include <stdlib.h>
3     #include <windows.h>
4     #include <time.h>
5     #define N 50              //迷宫地图的最大高度（行数）
6     #define M 50              //迷宫地图的宽度（列数）
7     #define ROUTE 0           //标记路
8     #define WALL  1           //标记墙
9     #define PLAYER 2          //标记游戏者
10    void InitMap(int a[][M], int high, int width);
11    void CreateMaze(int x, int y);
```

```
12    void ShowMap(int a[][M], int high, int width);
13    void Maze(int a[][M]);
14    int Go(int x, int y, int exitX, int exitY);
15    int flag = 0;              //flag 用来标记是否到达出口，为 0 表示未到达出口，为 1 表示已到达出口
16    int a[N][M];               //保存迷宫地图
17    int high;                  //迷宫高度（行数）
18    int width;                 //迷宫宽度（列数）
19    int main(void){
20        printf("输入迷宫的高度,宽度:");
21        scanf("%d,%d", &high, &width);
22        system("cls");                   //清屏
23        InitMap(a, high, width);    //创建 high*width 大小的迷宫
24        ShowMap(a, high, width);    //显示 high*width 大小的迷宫
25        Maze(a);                    //自动走迷宫
26        return 0;
27    }
28    //函数功能：创建一个初始的没有路的迷宫地图
29    void InitMap(int a[][M], int high, int width){
30        srand((unsigned)time(NULL));
31        //创建 high*width 大小的没有路的初始迷宫地图
32        for (int i=0; i<high; i++){
33            for (int j=0; j<width; j++){
34                a[i][j] = WALL;
35            }
36        }
37        CreateMaze(1, 1);                //利用深度优先算法生成有路的迷宫
38    }
39    //函数功能：利用深度优先算法生成有路的迷宫
40    void CreateMaze(int x, int y){
41        int dis = 0;                     //控制挖的距离
42        a[x][y] = ROUTE;                 //设置一个起点开始挖路
43        //确保 4 个方向随机
44        int direction[4][2] = {{1, 0}, {-1, 0}, {0, 1}, {0, -1}};
45        for (int i = 0; i < 4; i++){
46            int r = rand() % 4;
47            int temp = direction[0][0];
48            direction[0][0] = direction[r][0];
49            direction[r][0] = temp;
50
51            temp = direction[0][1];
52            direction[0][1] = direction[r][1];
53            direction[r][1] = temp;
54        }
55        //向 4 个方向开挖
56        for (int i=0; i<4; i++){
57            int dx = x;
58            int dy = y;
59            //控制挖的距离，由 dis 来调整大小
60            int range = 1 + (dis == 0 ? 0 : rand() % dis);
61            while (range > 0){
62                dx += direction[i][0];
63                dy += direction[i][1];
64                //排除掉回头路
65                if (a[dx][dy] == ROUTE){
66                    break;
67                }
68                //判断是否挖穿路径
69                int count = 0;
```

```
70              for (int j = dx - 1; j < dx + 2; j++){
71                  for (int k = dy - 1; k < dy + 2; k++){
72                      //abs(j - dx) + abs(k - dy) == 1 确保只判断九宫格的 4 个特定位置
73                      if (abs(j - dx) + abs(k - dy) == 1 && a[j][k] == ROUTE){
74                          count++;
75                      }
76                  }
77              }
78              if (count > 1){
79                  break;
80              }
81              //确保不会挖穿的情况下，前进
82              --range;
83              a[dx][dy] = ROUTE;
84          }
85          //没有挖穿危险，以此为节点递归
86          if (range <= 0){
87              CreateMaze(dx, dy);
88          }
89      }
90  }
91  //函数功能：显示迷宫地图
92  void ShowMap(int a[][M], int high, int width){
93      for (int i=0; i<high; ++i){ //显示 high 行 width 列迷宫地图数据
94          for (int j=0; j<width; ++j){
95              printf(" ");
96              if (a[i][j] == ROUTE){
97                  printf("  ");
98              }
99              else if (a[i][j] == WALL){
100                 printf("■");
101             }
102             else if (a[i][j] == PLAYER){
103                 printf("★");
104             }
105         }
106         printf("\n");
107     }
108 }
109 void Maze(int a[][M]){
110     int x, y;              //迷宫入口坐标
111     int exitX, exitY;      //迷宫出口坐标
112     int right = 0;         //在入口和出口输入是否正确的标志变量
113     do{
114         right = 1;
115         printf("输入迷宫入口和出口的纵坐标和横坐标 x1,y1,x2,y2:");
116         scanf("%d,%d,%d,%d", &x, &y, &exitX, &exitY);
117         if (a[x][y] == WALL){
118             printf("请重新设置起点! \n");
119             right = 0;
120         }
121         if (a[exitX][exitY] == WALL){
122             printf("请重新设置终点! \n");
123             right = 0;
124         }
125     }while (!right);
126     if (Go(x, y, exitX, exitY) == 0){ //采用深度优先搜索和回溯法自动走迷宫
127         printf("没有路径! \n");
```

```
128        }
129    else{
130        printf("恭喜走出迷宫！\n");
131    }
132 }
133 //函数功能：利用深度优先搜索算法自动走迷宫
134 int Go(int x, int y, int exitX, int exitY){
135    a[x][y] = PLAYER;                    //走过的位置都标记为 PLAYER，即 2，不可以再走
136    system("cls");                       //清屏
137    ShowMap(a, high, width);             //显示更新后的迷宫地图
138    Sleep(200);                          //延时 200ms
139    if (x == exitX && y == exitY){ //若到达迷宫出口位置 exitX,exitY，则递归结束
140        flag = 1;
141    }
142    if (flag != 1 && a[x][y+1] == ROUTE){ //向右有路且未到达出口，则继续走
143        Go(x, y+1, exitX, exitY);
144    }
145    if (flag != 1 && a[x+1][y] == ROUTE){ //向下有路且未到达出口，则继续走
146        Go(x+1, y, exitX, exitY);
147    }
148    if (flag != 1 && a[x][y-1] == ROUTE){ //向左有路且未到达出口，则继续走
149        Go(x, y-1, exitX, exitY);
150    }
151    if (flag != 1 && a[x-1][y] == ROUTE){//向上有路且未到达出口，则继续走
152        Go(x-1, y, exitX, exitY);
153    }
154    if (flag != 1){          //若以上 4 个方向均不可行，即无路可走，则回溯试探其他方向
155        a[x][y] = ROUTE;     //回溯，走过的位置恢复为空格
156    }
157    return flag;             //在主调函数中根据返回值判断是否走出迷宫
158 }
```

思考题：（1）请读者使用结构体编程改写这个程序。（2）深度优先算法生成的迷宫较为扭曲，且有一条较为明显的主路，随机 Prim 算法、递归分割算法是另外两种比较常见的迷宫地图生成算法，请读者通过查阅资料编程实现这两种算法。

20. 贪吃蛇游戏

实验任务和要求：请编写一个如图 3-9 示例所示的贪吃蛇游戏。游戏设计要求：

（1）游戏开始时，显示游戏窗口，窗口内的空白点用'.'表示，同时在窗口中显示贪吃蛇，蛇头用@表示，蛇身用'#'表示，游戏者按任意键开始游戏；

（2）用户使用键盘方向键↑↓←→来控制蛇在游戏窗口内上下左右移动；

（3）在没有用户按键操作的情况下，蛇自己沿着当前方向移动；

（4）在蛇所在的窗口内随机地显示贪吃蛇的食物，食物用'*'表示；

（5）实时更新显示蛇的长度和位置；

（6）当蛇的头部与食物在同一位置时，食物消失，蛇的长度增加一个字符'#'，即每吃到一个食物，蛇身长出一节；

（7）当蛇头撞到画面边界或蛇头撞到自己身体的任意部分时，游戏结束。

思路提示：首先设置游戏画面的高和宽分别为 H 和 L，并定义一个 H*L 大小的二维字符数组 gameMap，即：

```
char gameMap[H][L];
```

使用这个二维字符数组存放游戏画面中的各个元素，蛇头用@表示，蛇身'#'表示，食物用'*'

表示，空白点用'.'表示，蛇的初始长度为 1。

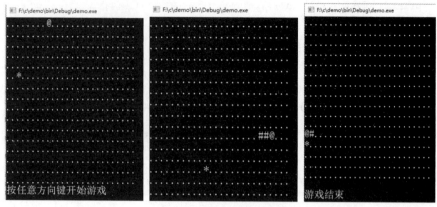

图 3-9　贪吃蛇游戏示例

为了保存蛇头和蛇身的数据，还要再定义一个包含蛇的位置和移动方向两个数据成员的结构体数组 Snake：

```
struct Snake{
    int x, y;        //蛇的坐标位置
    int now;         //取值 0、1、2、3 分别对应左右上下移动
} Snake[H*L];
```

根据题意，可以将程序划分为两大模块：

```
//函数功能：游戏初始化
void Initialize(void);
//函数功能：循环刷新游戏画面，直到游戏结束
void Refresh(void);
```

在循环刷新游戏画面的过程中，还需要调用以下 3 个模块：

```
//函数功能：检测键盘操作，接收用户键盘输入，并执行相应的操作和数据更新
void UpdateWithInput(void);
//函数功能：若用户按了方向键，则移动蛇的位置
int MoveSnake(void);
//函数功能：显示更新后的游戏画面
void ShowGameMap(void);
```

其中，在调用 MoveSnake()的过程中，由于需要按照用户的键盘输入移动蛇的位置，这样就需要进行碰撞检测，包括检测蛇头是否撞到画面边界，或者蛇头是否撞到自己的身体，这两个碰撞检测分别由以下两个函数实现：

```
//函数功能：边界碰撞检测
int CheckBorder(void);
//函数功能：检测蛇头是否能吃掉食物或碰到自身
int CheckHead(int x, int y);
```

蛇在移动过程中，主要分为两种情形：一是能够吃掉食物，二是吃不到食物，这两种情形分别对应图 3-10 的（a）和（b）。假设蛇头移动方向未右移，对于第一种情形，随着蛇头的不断右移，蛇头 Snake[0]的位置坐标不断更新，蛇身长度不断向着移动的方向加长，原来的蛇头位置变为蛇身，注意蛇身的伸长方向是朝着蛇头移动的方向。对于第二种情形，随着蛇的不断右移，原来的蛇身也要不断右移，即用 Snake[i+1]更新 Snake[i]，此外原来的蛇尾要恢复为背景，原来蛇头的位置要变为蛇身。

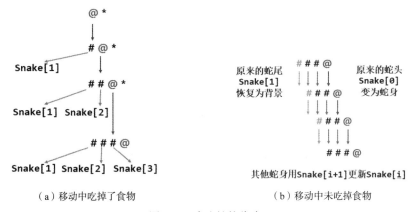

（a）移动中吃掉了食物　　　　　　　　　（b）移动中未吃掉食物

图 3-10　贪吃蛇的移动

上述各个模块之间的函数调用关系如图 3-11 所示。

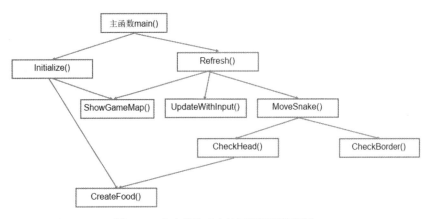

图 3-11　贪吃蛇游戏中的函数调用关系图

参考程序如下：

```
1    #include <stdio.h>
2    #include <stdlib.h>
3    #include <conio.h>
4    #include <string.h>
5    #include <time.h>
6    #include <windows.h>
7    #define H 16                        //游戏画面高度
8    #define L 26                        //游戏画面宽度
9    const int  dx[4] = {0, 0, -1, 1};   //-1 和 1 对应上下移动，距离为 1
10   const int  dy[4] = {-1, 1, 0, 0};   //-1 和 1 对应左右移动，距离为 1
11   char gameMap[H][L];                 //游戏画面数组
12   int  len = 1;                       //蛇身的初始长度为 1
13   struct Snake{
14       int x, y;                       //蛇的坐标位置
15       int now;                        //取值 0、1、2、3 分别对应左右上下移动
16   } Snake[H*L];
17   void Initialize(void);
18   void CreateFood(void);
19   void Refresh(void);
20   void ShowGameMap(void);
21   void UpdateWithInput(void);
```

```
22    int MoveSnake(void);
23    int CheckBorder(void);
24    int CheckHead(int x, int y);
25    int main(void){
26        Initialize();
27        Refresh();
28        return 0;
29    }
30    //函数功能：初始化
31    void Initialize(void){
32        memset(gameMap, '.', sizeof(gameMap));    //初始化游戏画面数组为小圆点
33        system("cls");                            //清屏
34        srand(time(NULL));                        //设置随机数种子
35        int hx = rand() % H;                      //随机生成蛇头位置的 x 坐标
36        int hy = rand() % L;                      //随机生成蛇头位置的 y 坐标
37        gameMap[hx][hy] = '@';                    //定位蛇头
38        Snake[0].x = hx;                          //定位蛇头在画面上的垂直方向位置
39        Snake[0].y = hy;                          //定位蛇头在画面上的水平方向位置
40        Snake[0].now = -1;                        //蛇不动
41        CreateFood();                             //随机生成食物
42        ShowGameMap();                            //显示游戏画面
43        printf("按任意方向键开始游戏\n");
44        getch();
45    }
46    //函数功能：在游戏画面的空白位置随机生成食物
47    void CreateFood(void){
48        while (1){
49            int fx = rand() % H;                  //随机生成食物位置的 x 坐标
50            int fy = rand() % L;                  //随机生成食物位置的 y 坐标
51            if (gameMap[fx][fy] == '.'){          //空白位置的标记是 .
52                gameMap[fx][fy] = '*';            //将随机生成的坐标位置设置为食物
53                break;
54            }
55        }
56    }
57    //函数功能：循环刷新游戏画面，直到游戏结束
58    void Refresh(void){
59        int over = 0;                             //为 0 时继续运行程序，为 1 时结束程序的执行
60        while (!over){
61            Sleep(500);                           //延时
62            UpdateWithInput();                    //接收用户键盘输入，并执行相应的操作和数据更新
63            over = MoveSnake();                   //在无用户输入时移动蛇的位置，并进行碰撞检测
64            system("cls");                        //清屏
65            ShowGameMap();                        //显示游戏地图
66        }
67        printf("\n 游戏结束\n");
68        getchar();
69    }
70    //函数功能：显示游戏画面
71    void ShowGameMap(void){
72        for (int i=0; i<H; i++){
73            for (int j=0; j<L; j++){
74                printf("%c", gameMap[i][j]);
75            }
76            printf("\n");
77        }
78    }
79    //函数功能：检测键盘操作，接收用户键盘输入，并执行相应的操作和数据更新
```

```
80   void UpdateWithInput(void){
81       while (kbhit()){                           //检测到键盘输入
82           int key = getch();                     //输入用户按的键
83           switch (key){
84           case 75:                               //左方向键
85               Snake[0].now = 0;
86               break;
87           case 77:                               //右方向键
88               Snake[0].now = 1;
89               break;
90           case 72:                               //上方向键
91               Snake[0].now = 2;
92               break;
93           case 80:                               //下方向键
94               Snake[0].now = 3;
95               break;
96           default:
97               Snake[0].now = -1;
98           }
99       }
100  }
101  //函数功能：若用户按了方向键，则移动蛇的位置，按其他键不移动
102  int MoveSnake(void){
103      if (Snake[0].now == -1){                   //没有键盘输入不操作
104          return 0;
105      }
106      int x = Snake[0].x;                        //保存原蛇头的 x 坐标
107      int y = Snake[0].y;                        //保存原蛇头的 y 坐标
108      gameMap[x][y] = '.';
109      Snake[0].x = Snake[0].x + dx[Snake[0].now]; //更新蛇头的 x 坐标
110      Snake[0].y = Snake[0].y + dy[Snake[0].now]; //更新蛇头的 y 坐标
111      if (CheckBorder()) return 1;               //边界碰撞检测,碰到边界,则游戏结束
112      if (CheckHead(x, y)) return 1;             //检测蛇头是否能吃掉食物或碰到自身
113      for (int i=1; i<len; i++){                 //从蛇身尾部开始遍历，移动蛇身
114          if (i == 1){                           //先将蛇身尾部的标记恢复为背景，然后再移动蛇身
115              gameMap[Snake[i].x][Snake[i].y] = '.';
116          }
117          if (i == len - 1){                     //原来的蛇头位置变为新蛇身的起始位置
118              Snake[i].x = x;
119              Snake[i].y = y;
120              Snake[i].now = Snake[0].now;
121          }
122          else{                                  //蛇身的位置向前移动
123              Snake[i].x = Snake[i+1].x;
124              Snake[i].y = Snake[i+1].y;
125              Snake[i].now = Snake[i+1].now;
126          }
127          gameMap[Snake[i].x][Snake[i].y] = '#';    //移动后的蛇身位置标记为蛇身#
128      }
129      return 0;
130  }
131  //函数功能：边界碰撞检测
132  int CheckBorder(void){
133      int over = 0;
134      if (Snake[0].x<0 || Snake[0].x>=H || Snake[0].y<0 || Snake[0].y>=L){
135          over = 1;                                      //碰到边界,则游戏结束
136      }
137      return over;
```

```
138    }
139    //函数功能：检测蛇头是否能吃掉食物或碰到自身
140    int CheckHead(int x, int y){
141        int over = 0;
142        if (gameMap[Snake[0].x][Snake[0].y] == '.'){          //碰到空白
143            gameMap[Snake[0].x][Snake[0].y] = '@';            //更新蛇头位置
144        }
145        else if (gameMap[Snake[0].x][Snake[0].y] == '*'){     //碰到食物则吃掉食物
146            gameMap[Snake[0].x][Snake[0].y] = '@';    //原来食物的位置变为新的蛇头
147            Snake[len].x = x;                         //原蛇头位置变为新蛇身的起始位置
148            Snake[len].y = y;
149            Snake[len].now = Snake[0].now;
150            len++;                                    //蛇身变长，蛇身向蛇头方向生长
151            CreateFood();                             //产生新的食物
152        }
153        else{                                         //碰到自己，则游戏结束
154            over = 1;
155        }
156        return over;
157    }
```

思考题：请修改程序，使其能在每吃到一个食物时，不仅蛇身长出一节，而且游戏者获得 10 分的积分，同时在画面下方显示游戏分数。